2ª edição

BEN DUPRÉ

50 IDEIAS DE FILOSOFIA
QUE VOCÊ PRECISA CONHECER

Tradução de
Rosemarie Ziegelmaier

 Planeta

Copyright © Ben Dupré, 2007
Copyright © Editora Planeta do Brasil, 2015, 2022
Copyright da tradução © Rosemarie Ziegelmaier
Título original: *50 philosophy ideas you really need to know*
Todos os direitos reservados.

Preparação: Rosamaria Affonso
Revisão: Maurício Katayama
Diagramação: Balão Editorial
Capa: Filipa Damião Pinto (@filipa_) | Foresti Design

INTERNACIONAIS DE CATALOGAÇÃO NA PUBLICAÇÃO (CIP)
ANGÉLICA ILACQUA CRB-8/7057

Dupré, Ben
   50 ideias de filosofia que você precisa conhecer/ Ben Dupré; tradução Rosemarie Ziegelmaier. - 2. ed. - São Paulo : Planeta, 2021.
   216 p.

   ISBN 978-65-5535-614-4
   Título original: 50 philosophy ideas you really need to know

   1. Filosofia I. Título II. Ziegelmaier, Rosemarie

21-5404   CDD 100

Índice para catálogo sistemático:
1. Filosofia

Ao escolher este livro, você está apoiando o manejo responsável das florestas do mundo

2022
Todos os direitos desta edição reservados à
EDITORA PLANETA DO BRASIL LTDA.
Rua Bela Cintra, 986, 4º andar – Consolação
São Paulo – SP – 01415-002
www.planetadelivros.com.br
faleconosco@editoraplaneta.com.br

Sumário

Introdução 7

QUESTÕES DE CONHECIMENTO
01 O cérebro numa cuba 8
02 O mito da caverna 12
03 O véu da percepção 16
04 *Cogito ergo sum* 20
05 Razão e experiência 24
06 A teoria tripartite do conhecimento 28

A MENTE IMPORTA
07 A questão mente-corpo 32
08 Como é ser um morcego? 36
09 O teste de Turing 40
10 O navio de Teseu 44
11 Outras mentes 48

ÉTICA
12 A guilhotina de Hume 52
13 A carne de um homem… 56
14 A teoria do comando divino 60
15 A teoria abaixo/viva 64
16 Fins e meios 68
17 A máquina de experiências 72
18 O imperativo categórico 76
19 A regra áurea 80
20 Atos e omissões 84
21 Ladeiras escorregadias 88
22 Além do mero dever 92
23 É ruim ser azarado? 96
24 Ética da virtude 100

DIREITOS DOS ANIMAIS
25 Os animais sentem dor? 104
26 Os animais têm direitos? 108

LÓGICA E SIGNIFICADO
27 Formas de argumentação 112
28 O paradoxo do barbeiro 116
29 A falácia do apostador 120
30 O paradoxo de sorites 124
31 O rei da França é careca 128
32 O besouro na caixa 132

CIÊNCIA
33 Ciência e pseudociência 136
34 Mudanças de paradigma 140
35 A navalha de Occam 144

ESTÉTICA
36 O que é arte? 148
37 A falácia intencional 152

RELIGIÃO
38 O argumento do desígnio 156
39 O argumento cosmológico 160
40 O argumento ontológico 164
41 A questão do mal 168
42 A defesa do livre-arbítrio 172
43 Fé e razão 176

POLÍTICA, JUSTIÇA E SOCIEDADE

44 Liberdade positiva e negativa *180*
45 O princípio da diferença *184*
46 Leviatã *188*
47 O dilema do prisioneiro *192*
48 Teorias da punição *196*
49 Bote salva-vidas Terra *200*
50 Guerra justa *204*

Glossário *208*
Índice *211*

Introdução

Durante a maior parte de sua longa história, a filosofia contou com um bom número de pessoas perigosas armadas com ideias perigosas. Com a força de suas ideias supostamente subversivas, Descartes, Spinoza, Hume e Rousseau, para citar apenas alguns, sofreram ameaças variadas, como excomunhão, foram obrigados a adiar a publicação de seus trabalhos, não tiveram reconhecimento profissional ou viram-se forçados ao exílio. No caso mais famoso de todos, o Estado ateniense considerou Sócrates uma influência tão nociva que mandou executá-lo. A maioria dos filósofos atuais não é executada, o que é uma pena – no sentido, claro, de que isso indica que a sensação de perigo já não existe.

E a filosofia é vista hoje como uma disciplina acadêmica arquetípica, com seus praticantes isolados em torres de marfim, afastados das questões da vida real. Essa caricatura, porém, está bem longe da verdade. As questões filosóficas podem ser invariavelmente profundas e muitas vezes difíceis, mas elas também *têm importância*. A ciência, por exemplo, tem potencial para levar às pessoas vários tipos de brinquedos maravilhosos, de bebês cujo sexo é escolhido pelos pais (*designer babies*) a alimentos geneticamente modificados, mas ela não fornece – e não tem como fornecer – o manual de instruções. Para decidir o que *devemos* fazer, em lugar do que *podemos* fazer, devemos procurar a filosofia. Às vezes, os filósofos se deixam levar pelo puro prazer de ouvir as engrenagens de seu cérebro girando (um som que até pode ser interessante), mas na maioria das vezes eles ajudam a esclarecer e entender questões com as quais todos deveríamos nos preocupar. E o objetivo deste livro é iluminar e explorar justamente essas questões.

Em ocasiões como esta, é comum que o autor da obra dê os créditos a outros e reserve para si a culpa por qualquer erro de informação; comum, talvez, mas estranhamente ilógico (uma vez que crédito e culpa deveriam sempre andar juntos) e, portanto, pouco recomendável num livro de filosofia. Sendo assim, seguindo o exemplo de P. G. Wodehouse, que dedicou *The Heart of a Goof* a sua filha, "sem cuja compreensão e encorajamento constantes o livro teria sido escrito na metade do tempo", é com prazer que dou pelo menos parte do crédito (etc.) a outros. Em especial, dou o crédito por todas as linhas do tempo, e por muitas das frases escolhidas como destaque, a meu bem-humorado e incansável editor, Keith Mansfield. Eu também gostaria de agradecer a meu *publisher* na Quercus, Richard Milbank, por sua persistente confiança e seu apoio. E meu maior agradecimento vai para minha esposa, Geraldine, e minhas filhas, Sophie e Lydia, sem cuja compreensão e encorajamento constantes...

01 O cérebro numa cuba

"Imagine que um ser humano foi submetido a uma cirurgia por um cientista do mal. O cérebro da pessoa foi retirado do corpo e colocado numa cuba com nutrientes que o mantêm vivo. As terminações nervosas foram conectadas a um supercomputador científico que faz com que a pessoa tenha a ilusão de que tudo está perfeitamente normal. Parecem existir pessoas, objetos, o céu etc.; mas, na verdade, tudo o que a pessoa experimenta é resultado de impulsos eletrônicos que viajam do computador para as terminações nervosas."

Um cenário de pesadelo, de ficção científica? Talvez, mas claro que é exatamente isso que você diria se fosse um cérebro dentro de uma cuba! O seu cérebro pode estar numa cuba, e não dentro de um crânio, mas tudo que você sente é exatamente igual ao que sentiria se estivesse vivendo num corpo de verdade no mundo real. O mundo à sua volta – sua cadeira, o livro em suas mãos, as suas próprias mãos –, todo ele é parte de uma ilusão, pensamentos e sensações introduzidos no seu cérebro sem corpo pelo computador superpoderoso do cientista.

É provável que você não acredite que o seu cérebro está flutuando em uma cuba. A maioria dos filósofos talvez não acredite que são cérebros em cubas. Mas não é preciso acreditar nisso; você só precisa admitir que não tem certeza de que não é um cérebro numa cuba. A questão é que, se for um cérebro dentro de uma cuba (você não pode descartar essa possibilidade), tudo o que você sabe sobre o mundo seria falso. E, se isso é *possível*, então você não sabe nada de nada. Essa mera possibilidade parece enfraquecer nossas afirmações de que conhecemos o mundo externo. Será que existe um modo de escapar da cuba?

As origens da cuba A clássica versão contemporânea da história do cérebro-numa-cuba foi criada pelo filósofo norte-americano Hilary

linha do tempo

c.375 a.C.	1637 d.C.	1644
O mito da caverna	A questão mente-corpo	*Cogito ergo sum*

Putnam em seu livro de 1981, *Reason, Truth, and History*, mas o germe da ideia tem uma história mais longa. O experimento mental de Putnam é, na essência, uma versão atualizada de uma história de terror do século XVII – o gênio maligno (*malin génie*), conjurado pelo filósofo francês René Descartes em sua obra de 1641, *Meditações sobre a filosofia primeira*.

A intenção de Descartes foi reconstruir o edifício do conhecimento humano sobre alicerces inabaláveis, razão pela qual adotou seu "método da dúvida" – que descarta quaisquer crenças suscetíveis do menor grau de incerteza. Depois de indicar a falta de confiabilidade nos nossos sentidos e a confusão criada pelos sonhos, Descartes levou o seu método da dúvida ao limite:

"Poderei supor... que algum demônio malicioso de grande poder e astúcia tenha empregado todas as suas energias para me enganar. Poderei pensar que o céu, o ar, a terra, as cores, as formas, os sons e todas as coisas externas são meras ilusões de sonhos que ele criou para confundir meu raciocínio."

Entre os escombros de suas antigas crenças e opiniões, Descartes vislumbra uma única partícula de certeza – o *cogito* – no (aparentemente) seguro embasamento no qual se baseia para começar a tarefa de reconstrução do conhecimento (veja a página 20).

Na cultura popular

Ideias como a do cérebro numa cuba provaram ser tão inspiradoras e sugestivas que passaram por várias personificações populares. Uma das mais bem-sucedidas foi o filme *Matrix*, de 1999, no qual o *hacker* de computadores Neo (interpretado por Keanu Reeves) descobre que o mundo norte-americano em 1999 é na realidade uma simulação virtual criada por uma ciberinteligência maligna e que ele e todos os outros humanos são mantidos dentro de cápsulas de líquido conectadas a um gigantesco computador. O filme é uma representação dramática do cenário do cérebro-numa-cuba, pois inclui todos os seus elementos principais. O sucesso e o impacto de *Matrix* são um lembrete da força de argumentos extremamente céticos.

1655	1690	1974	1981
O navio de Teseu	O véu da percepção	A máquina de experiências	O cérebro numa cuba

Infelizmente para Putnam e Descartes, embora ambos estejam bancando o advogado do diabo – adotando posições céticas para poderem confundir o ceticismo –, muitos filósofos ficaram mais impressionados pela habilidade deles em montar a armadilha cética do que por suas tentativas subsequentes de sair dela. Apelando à sua própria teoria causal de significado, Putnam tenta mostrar que o cenário cérebro-numa-cuba é incoerente, mas parece conseguir, no máximo, mostrar que o cérebro numa cuba não poderia expressar o pensamento do que é um cérebro numa cuba. Na prática, ele demonstra que um cérebro colocado numa cuba é invisível e indescritível de dentro da cuba, mas não fica claro que essa vitória semântica (caso seja uma vitória) vai longe para tratar do problema referente ao conhecimento.

Ceticismo   O termo "cético" costuma ser aplicado a pessoas inclinadas a duvidar de crenças comuns ou que, por hábito, duvidam das pessoas e de conceitos em geral. Nesse sentido, o ceticismo pode ser caracterizado como uma tendência saudável e aberta a sondar e testar

O argumento da simulação

Pessoas comuns podem ficar tentadas a deixar de lado as conclusões assustadoras dos céticos, mas não deveríamos nos apressar a fazer o mesmo. Um engenhoso argumento recentemente delineado pelo filósofo Nick Bostrom sugere ser bastante possível que *já estejamos* vivendo numa simulação de computador! Pense nisso...

No futuro, é provável que a nossa civilização alcance um nível tecnológico que seja capaz de criar simulações computadorizadas incrivelmente sofisticadas de mentes humanas e de mundos que possam ser habitados por tais mentes. Serão necessários recursos relativamente pequenos para sustentar esses mundos simulados – um único *laptop* do futuro poderia abrigar milhares ou milhões de mentes simuladas –, então é provável que as mentes simuladas superem em número as mentes biológicas. As experiências das mentes simuladas serão indistinguíveis das experiências das mentes biológicas, e é claro que nenhuma delas vai acreditar que é simulada, mas as mentes simuladas (que serão maioria) estarão enganadas. Naturalmente, enxergamos esse argumento em termos de hipóteses sobre o futuro, mas quem garante que esse "futuro" já não aconteceu – que tal *expertise* em computadores já não tenha sido alcançada e que já não existam mentes simuladas? Pensamos, é óbvio, que não somos mentes simuladas por computador vivendo num mundo simulado, mas isso pode ser uma homenagem à qualidade da programação à qual fomos sujeitos. Seguindo a lógica do argumento de Bostrom, é bem possível que a nossa suposição esteja errada!

crenças popularmente aceitas. Tal tendência é, em geral, uma proteção contra a credulidade, mas ao mesmo tempo pode transformar-se numa tendência a duvidar de tudo, mesmo que não exista justificava para duvidar de algo. Para o bem ou para o mal, contudo, ser cético, nesse sentido mais popular, é diferente do uso filosófico do ceticismo.

O cético filosófico não afirma que nada sabemos – até porque afirmar isso seria obviamente autodestrutivo (uma coisa que não poderíamos saber é que nada sabemos). A posição do cético é desafiar o nosso direito de afirmar que temos conhecimento. Pensamos que sabemos muitas coisas, mas como podemos defender essa afirmação? Quais as bases que podemos apresentar para comprovar afirmações específicas de conhecimento? Nosso suposto conhecimento do mundo baseia-se em percepções adquiridas por meio dos nossos sentidos, geralmente mediados pelo uso da razão.

> **"O computador é tão inteligente que pode até fazer a vítima pensar que está sentada, lendo estas palavras exatas sobre a interessante mas, no fundo, absurda suposição de que existe um cientista do mal que retira o cérebro das pessoas e o coloca em uma cuba de nutrientes."**
> **Hilary Putnam, 1981**

Mas tais percepções não estão sempre sujeitas a erro? Podemos ter certeza de que não é uma alucinação ou sonho, ou de que a nossa memória não nos prega peças? Se a experiência de sonho é indistinguível da experiência de viver estando acordado, nunca podemos ter certeza de que aquilo que pensamos ser o caso é de fato o caso – de que aquilo que acreditamos ser verdade é de fato verdade. Tais dúvidas, levadas ao extremo, conduzem a demônios do mal e a cérebros em cubas...

A epistemologia é a área da filosofia que se ocupa do conhecimento: determina o que sabemos e como sabemos, e identifica as condições que devem existir para que algo seja considerado conhecimento. Concebida como tal, pode ser encarada como uma resposta ao desafio do cético; sua história, vista como uma série de tentativas de derrotar o ceticismo. Muitos acham que os filósofos subsequentes a Descartes não foram mais bem-sucedidos que ele em vencer o ceticismo. A preocupação de que no final não haja como escapar da cuba lança uma profunda sombra sobre a filosofia.

A ideia condensada: você é um cérebro dentro de uma cuba?

02 O mito da caverna

Imagine que você passou a vida inteira aprisionado numa caverna. Seus pés e suas mãos estão acorrentados e a sua cabeça está presa, de modo que você só consegue olhar para uma parede à sua frente. Atrás de você há uma fogueira acesa, e entre você e o fogo há uma passarela usada por seus captores para transportar estátuas de pessoas e vários outros objetos de um lado para outro. As sombras que esses objetos lançam na parede são as únicas coisas que você e seus companheiros de prisão já viram na vida, as únicas coisas sobre as quais pensam e conversam.

Talvez a mais conhecida das muitas imagens e analogias usadas pelo filósofo grego Platão, o mito da caverna aparece no volume 7 da *República*, obra monumental na qual ele investiga o que seria o Estado ideal e seu governante ideal – o rei filósofo. A justificativa de Platão para entregar as rédeas do governo aos filósofos apoia-se num detalhado estudo da verdade e do conhecimento, e é nesse contexto que a alegoria da caverna é usada.

A concepção de Platão sobre o conhecimento e seus objetos é complexa e multifacetada, como se torna claro à medida que a parábola da caverna continua.

Agora suponha que você foi libertado das correntes e pode andar pela caverna. A princípio meio cego pela claridade do fogo, aos poucos você passa a ver a caverna como ela é e entende a origem das sombras que anteriormente você considerava como realidade. Por fim, você recebe permissão para sair da caverna e conhecer o mundo do lado de fora, ensolarado, onde você enxerga a plenitude da realidade iluminada pelo mais brilhante objeto no céu, o Sol.

linha do tempo

c.375 a.C.
O mito da caverna

1644 d.C.
Cogito ergo sum

Interpretando a caverna A detalhada interpretação da caverna de Platão já foi muito debatida, mas existe um significado mais amplo bastante claro. A caverna representa "o campo do existir" – o mundo visível da nossa experiência cotidiana, no qual tudo é imperfeito e muda constantemente. Os prisioneiros acorrentados (que simbolizam as pessoas comuns) vivem num mundo de conjecturas e ilusão, enquanto o antigo prisioneiro, livre para explorar a caverna, obtém a visão mais fiel possível da realidade dentro do mundo sempre mutante da percepção e da experiência. Por contraste, o mundo fora da caverna representa "o campo do ser" – o mundo inteligível da verdade povoado pelos objetos do conhecimento, que são perfeitos, eternos e imutáveis.

> **"Cuidado! Seres humanos vivendo numa caverna subterrânea... Como nós... Eles veem apenas as próprias sombras, ou as sombras uns dos outros, que o fogo lança na parede oposta da caverna."**
>
> Platão, c. 375 a.C.

A Teoria das Formas Na visão de Platão, o que é conhecido deve não apenas ser verdadeiro como também perfeito e imutável. No entanto, nada no mundo empírico (representado pela vida dentro da caverna) se encaixa nessa descrição: uma pessoa alta parece baixa perto de uma árvore; a maçã que parece vermelha de dia, à noite parece preta; e assim por diante. Como nada no mundo empírico é um objeto do conhecimento, Platão propôs que deve existir outro domínio (o mundo fora da caverna) de entidades perfeitas ou imutáveis, que ele denominou "Formas" (ou Ideias).

Amor platônico

A ideia com a qual Platão é mais identificado hoje em dia – a do chamado amor platônico – vem naturalmente do forte contraste feito pelo mito da caverna entre o mundo intelectual e o mundo dos sentidos. A afirmação clássica da ideia de que o tipo de amor mais perfeito é expresso não só fisicamente, mas também intelectualmente, aparece em outro famoso diálogo, *Simpósio*.

1690
O véu da percepção

1981
O cérebro numa cuba

Então, por exemplo, é por meio da imitação ou cópia da Forma da Justiça que todas as ações especificamente justas são justas. Como é sugerido pelo mito da caverna, existe uma hierarquia entre as Formas, e acima de todas está a Forma do Bem (representada pelo Sol), que dá às outras o seu significado maior e, inclusive, é a base de sua existência.

A questão dos universais A Teoria das Formas de Platão – e a base metafísica que a sustenta – pode parecer exótica e complicada, mas a questão da qual ela procura tratar – a chamada "questão dos universais" – tem sido um tema recorrente na filosofia, de uma maneira ou de outra, desde então. Na Idade Média, as linhas de batalha filosóficas separavam de um lado os realistas (ou platonistas), que acreditavam que universais como vermelhidão e altura existiam independentemente de coisas vermelhas ou altas em si, e de outro lado os nominalistas, que afirmavam que vermelhidão e altura eram meros nomes ou rótulos colocados em objetos para salientar similaridades particulares entre eles.

A mesma distinção básica, que costuma ser expressa em termos de realismo e antirrealismo, ainda ecoa em várias áreas da filosofia moderna. Uma posição realista sustenta que há entidades "lá fora" no mundo – coisas físicas ou ações éticas ou propriedades matemáticas – que existem independentemente do nosso conhecimento ou do fato de já as termos experimentado. Opostos a esse ponto de vista, outros filósofos, conhecidos como antirrealistas, propõem que existe uma ligação ou relação necessária e interna entre o que é conhecido e o nosso conhecimento disso. Os termos básicos de todos esses debates

---

Na cultura popular

Há um claro eco do mito da caverna de Platão nos escritos de C. S. Lewis, autor de sete obras de literatura fantástica que, juntas, formam *As crônicas de Nárnia*. No fim do último livro, *A última batalha*, as crianças protagonistas da história testemunham a destruição de Nárnia e vão para o País de Aslan, um lugar maravilhoso que engloba tudo o que havia de melhor em Nárnia e na Inglaterra que ficou em suas lembranças. As crianças descobrem, por fim, que na verdade haviam morrido e saído das Terras Sombrias, uma pálida imitação do mundo eterno e imutável que habitavam agora. Apesar da mensagem cristã óbvia aqui, a influência de Platão é clara – um dos incontáveis exemplos do enorme (e muitas vezes inesperado) impacto que o filósofo grego tem sobre a cultura, a religião e a arte ocidentais.

foram estabelecidos mais de 2000 anos atrás por Platão, um dos primeiros e mais radicais dos filósofos realistas.

Em defesa de Sócrates Em seu mito da caverna, Platão tenta fazer mais que iluminar suas ideias características sobre a realidade e o nosso conhecimento a respeito dela. Isso se torna claro no final da história. Tendo ascendido ao mundo externo e reconhecido a natureza última da verdade e da realidade, o prisioneiro liberto fica ansioso para voltar à caverna e tirar os seus antigos companheiros das trevas do conhecimento. Mas, acostumado agora à luz do mundo externo, a princípio ele tropeça na escuridão da caverna e é considerado um tolo pelos que ainda estão acorrentados. Eles acham que a viagem feita pelo amigo perturbou-o; não querem ouvi-lo, e podem até matá-lo, se ele persistir. Nessa passagem, Platão alude à dificuldade encontrada pelos filósofos – serem ridicularizados ou rejeitados – ao tentar levar conhecimento às pessoas comuns e conduzi-las ao caminho da sabedoria. Ele também pensa no destino de seu professor, Sócrates (seu porta-voz em *República* e na maioria de seus outros diálogos), que a vida toda se recusou a moderar seus ensinamentos filosóficos e, em 399 a.C., foi executado pelo Estado ateniense.

A ideia condensada: o conhecimento mundano é apenas uma sombra

03 O véu da percepção

Como vemos (e ouvimos e cheiramos) o mundo? A maioria de nós, sem questionar, supõe que os objetos físicos à nossa volta são mais ou menos como percebemos que são, mas existem questões ligadas a essa noção ditada pelo bom senso que têm levado muitos filósofos a perguntar se, de fato, observamos o mundo externo diretamente. Do ponto de vista deles, temos acesso direto apenas a "ideias", "impressões" ou (em termos atuais) "informações sensoriais" internas. John Locke, filósofo inglês do século XVII, usou uma imagem célebre para elucidar esse fato. O conhecimento humano, ele sugeria, é como "um armário totalmente fechado e sem luz, com apenas algumas pequenas aberturas que permitem a entrada de semelhanças externas visíveis, ou ideias das coisas de fora".

Mas há um grande problema nesse conceito de Locke. Podemos supor que as ideias que entram no armário são representações mais ou menos fiéis de coisas externas, mas no fim é uma questão de inferência que essas representações internas correspondam de perto a objetos externos – ou a qualquer outra coisa, na verdade. Nossas ideias, que são tudo a que temos acesso direto, formam um impenetrável "véu da percepção" entre nós e o mundo exterior.

Em seu *Ensaio acerca do entendimento humano*, de 1690, Locke fez um dos mais completos relatos do que ficou conhecido como modelos "representativos" da percepção. Qualquer desses modelos que envolva ideias intermediárias ou informação sensorial abre um fosso entre nós e o mundo externo, e é nesse fosso que o ceticismo cria raízes sobre o que afirmamos conhecer.

linha do tempo

c.375 a.C.
O mito da caverna

1644 d.C.
Cogito ergo sum

É apenas restabelecendo uma ligação direta entre o observador e o objeto externo que o véu pode ser rasgado e o cético vencido. Mas, se o modelo causa tantos problemas, por que adotá-lo?

Qualidades primárias e secundárias A não confiabilidade de nossas percepções é uma das mais importantes armas do cético para atacar nossos ditos conhecimentos. O fato de um tomate parecer vermelho ou preto, dependendo da luz, é usado pelo cético para lançar dúvida sobre os nossos sentidos como um caminho para o conhecimento. Locke esperava que um modelo perceptivo no qual ideias internas e objetos externos estivessem separados pudesse desarmar o cético. Seu argumento dependia de modo crucial de outra distinção – entre qualidades primárias e secundárias.

A vermelhidão do tomate não é uma propriedade do tomate em si, mas um produto da interação entre vários fatores, incluindo certos

> ## O teatro cartesiano
>
> Em termos modernos, o modelo de Locke da percepção é chamado de "realismo representativo", para distingui-lo do realismo "ingênuo" (ou "senso comum") ao qual todos nós (incluindo filósofos em dias de folga) aderimos na maior parte do tempo. Os dois pontos de vista são realistas, no sentido de estarem comprometidos com um mundo externo que existe independentemente de nós, mas é apenas na versão ingênua que a vermelhidão é considerada como uma mera propriedade do tomate em si. Embora Locke possa ter fornecido a definição clássica da teoria, o modelo representativo da percepção não foi ideia dele. Esse modelo é muitas vezes chamado afrontosamente de "teatro cartesiano", porque para Descartes a mente é, na verdade, um teatro no qual as ideias (percepções) são vistas por um observador interno – a alma imaterial. O fato de esse observador interno, ou "homúnculo", em si, parecer exigir o seu próprio observador interno (e assim por diante, ao infinito) é apenas uma das objeções feitas a essa teoria. Ainda assim, apesar das objeções, o modelo continua a ser bastante influente.

1690
O véu da percepção

1981
O cérebro numa cuba

> **"O conhecimento de um homem... não pode ir além de sua experiência."**
>
> John Locke, 1690

atributos físicos do tomate, tais como sua textura e estrutura superficial; as peculiaridades do nosso próprio sistema sensorial; e as condições ambientais prevalecentes no momento da observação. Essas propriedades (ou melhor, não propriedades) não pertencem ao tomate enquanto tal e são chamadas de "qualidades secundárias".

Ao mesmo tempo, um tomate tem certas propriedades inerentes, tais como seu tamanho e formato, que não dependem das condições sob as quais é observado nem da existência de um observador. Estas são "qualidades primárias", que explicam e originam nossa experiência das qualidades secundárias. Ao contrário de nossas ideias de qualidades secundárias, as ideias de qualidades primárias (segundo Locke) lembram muito os objetos físicos em si e podem proporcionar o conhecimento desses objetos. Por essa razão, é com qualidades primárias que a ciência mais se preocupa e, de modo crucial, no que diz respeito ao desafio cético, os nossos conceitos de qualidades primárias é que são evidência contra as dúvidas dos céticos.

Fechado no armário de Locke Um dos primeiros críticos de Locke foi seu contemporâneo irlandês George Berkeley. Berkeley aceitava o modelo de representação da percepção no qual os objetos imediatos de percepção eram ideias, mas reconheceu de pronto que, longe de derrotar os céticos, a concepção de Locke corria o risco de ceder tudo a eles. Fechado em seu armário, Locke nunca estaria em posição de verificar se suas supostas "semelhanças, ou ideias de coisas do lado de fora", eram mesmo semelhantes às coisas externas reais. Ele jamais seria capaz de erguer o véu e enxergar o outro lado, ou seja,

"Eu o refuto assim"

A teoria imaterialista de Berkeley é vista hoje como um *tour de force* metafísico exótico e virtuosístico. Berkeley considerava-se o grande defensor do senso comum. Tendo exposto habilmente as falhas da concepção mecanicista de Locke sobre o mundo, propôs uma solução que lhe parecia óbvia e que descartava todos os lapsos com um único golpe, banindo as preocupações céticas e ateísticas. Seria ainda mais revoltante para Berkeley saber que o seu lugar na imaginação popular, hoje, está limitado à famosa e cruel refutação do imaterialismo feita por Samuel Johnson e registrada por Boswell em *The life of Samuel Johnson*: "Chutando com toda a força uma pedra grande", ele exclamou, "eu o refuto assim".

estava fechado num mundo de representações, e a causa dos céticos estava ganha.

Tendo demonstrado com lucidez as falhas da colocação de Locke, Berkeley chegou a uma extraordinária conclusão. Melhor que rasgar o véu na tentativa de nos reconectar com o mundo externo, ele concluiu, em vez disso, que não havia nada além do véu com o que nos conectarmos! Para Berkeley, a realidade consiste nas "ideias" ou sensações em si. Com elas, é claro, já estamos total e devidamente conectados, e assim os riscos do ceticismo são evitados, mas a que preço – a negação de um mundo externo, físico!

De acordo com a teoria idealista (ou imaterialista) de Berkeley, "existir é ser percebido" (*esse est percipi*). Então as coisas deixam de existir no momento em que deixamos de olhar para elas? Berkeley admite essa consequência, mas existe ajuda à mão: Deus. Tudo no universo é concebido o tempo todo na mente de Deus, logo a existência e a continuidade do mundo (imaterial) estão garantidas.

> **"É na verdade uma Opinião estranhamente prevalecente entre os homens que Casas, Montanhas, Rios e, numa palavra, todos os Objetos perceptíveis tenham uma Existência Natural ou Real, distinta do fato de serem perceptíveis."**
>
> George Berkeley, 1710

A ideia condensada: o que existe atrás do véu?

04 Cogito ergo sum

Despido de qualquer crença que pudesse eventualmente ser posta em dúvida, à deriva num oceano profundo de incerteza, Descartes procura desesperadamente um ponto de apoio – terra firme na qual reconstruir o edifício do conhecimento humano...

"Percebi que, enquanto tentava considerar tudo falso, era necessário que eu, que pensava isso, fosse algo. E, observando que essa verdade – 'penso, logo existo' [*cogito ergo sum*] – era tão firme e certa que a maioria das extravagantes suposições dos céticos eram incapazes de derrubá-la, decidi que poderia aceitá-la sem escrúpulos como o princípio primeiro da filosofia que eu buscava."

Então chegou o francês René Descartes para pensar aquele que é certamente o mais famoso e talvez o mais influente pensamento da história da filosofia ocidental.

O método da dúvida Descartes estava na vanguarda da revolução científica que varreu a Europa no século XVII, e seu plano ambicioso consistia em deixar de lado os exauridos dogmas do mundo medieval e "assentar as ciências" na mais firme das bases. Com esse propósito, ele adotou o rigoroso "método da dúvida". Não contente em jogar fora as eventuais maçãs podres (para usar a mesma metáfora que ele), Descartes esvaziou o barril totalmente, descartando qualquer crença aberta à menor possibilidade de dúvida. Numa guinada final, imaginou um demônio malvado disposto a enganá-lo, de forma que nem as verdades aparentemente autoevidentes da matemática e da geometria são tomadas como certas.

É nesse ponto – livre de tudo, inclusive de seu corpo e seus sentidos, de outras pessoas, de todo o mundo externo a ele – que Descar-

> **"Je pense, donc je suis."**
> René Descartes, 1637

linha do tempo

1637
A questão mente-corpo

1644
Cogito ergo sum

A língua faz diferença

A conhecida forma latina – *cogito ergo sum* – é encontrada em *Princípios de filosofia* (1644), de Descartes, mas em *Discurso do método* (1637) ocorre a versão em francês (*je pense, donc je suis*) e em sua obra mais importante, *Meditações*, a frase não aparece em sua forma canônica. A tradicional tradução para o português – "penso, logo existo" – é inútil, no sentido de que a força do argumento só é salientada pelo gerúndio do tempo presente; por isso, em contextos filosóficos, a frase costuma ser "Estou pensando, logo existo".

tes encontra salvação no *cogito*. Por mais que ele possa estar iludido, por mais que o demônio esteja determinado a enganá-lo, tem de existir alguém ou algo a ser iludido, algo ou alguém a ser enganado. Mesmo que esteja errado sobre todo o resto, Descartes não pode duvidar de que ele está ali, naquele momento, para pensar o pensamento de que pode estar enganado. O demônio "jamais me convencerá de que sou nada desde que eu pense que sou algo... Eu sou, eu existo é necessariamente verdade sempre que eu o afirmar ou conceber isso em minha mente".

Os limites do *cogito* Uma antiga crítica feita a Descartes, adotada por muitos desde então, afirma que ele infere demais do *cogito* – que ele só estaria autorizado a concluir que algo está sendo pensado, não que é ele que está tendo o pensamento. Mas, mesmo que admitamos que os pensamentos pressupõem a existência de pensadores, deve-se reconhecer que aquilo que o *insight* de Descartes estabelece é muito limitado. Primeiro, o *cogito* é em essência "primeira pessoa" – o meu *cogito* só funciona para mim, o seu só funciona para você: com certeza, não está além dos poderes do demônio levar-me a pensar que *você* está pensando (e que, portanto, você existe). Segundo, o *cogito* é essencialmente presente do indicativo: é perfeitamente compatível com isso que eu cesse de existir quando não estou pensando. Terceiro, o "eu" cuja existência está estabelecida é bastante diluído e ilusório: posso não ter a biografia e outros atributos que acredito que fazem de mim o que eu *sou*, na verdade, posso estar completamente nas garras do demônio enganador.

1690
O véu da percepção

1981
O cérebro numa cuba

> ### Origens do cogito
>
> *Cogito ergo sum* talvez seja a mais conhecida de todas as frases filosóficas, mas sua origem precisa não é certa. Embora esteja inextricavelmente ligada a Descartes, a ideia por trás do *cogito* é anterior a ele. No início do século V d.C., por exemplo, Santo Agostinho escreveu que podemos duvidar de tudo, exceto da dúvida da própria alma, e essa ideia o precede.

Em resumo, o "eu" do *cogito* é um mero instante de autoconsciência, uma partícula mínima à parte de todo o resto, incluindo o seu próprio passado. Sendo assim, o que Descartes pode construir sobre uma base tão precária?

Reconstruindo conhecimento Descartes pode ter colocado alicerces na pedra, mas terá deixado material suficiente para começar a construir? Ele parece ter estabelecido um padrão muito alto – nada serve além de uma certeza à prova do demônio. Como se constata, a viagem de volta é surpreendentemente (talvez alarmantemente) rápida. Existem dois sustentáculos principais para a teoria do conhecimento de Descartes. Primeiro, ele percebe que um aspecto distinto do *cogito* é a clareza com a qual podemos ver que ele deve existir como é, e, baseando-se nisso, conclui que existe uma regra geral, que é: "*as coisas que concebemos muito claramente e muito distintamente são todas verdadeiras*". E como podemos ter certeza disso? Porque a mais clara e distinta ideia de todas é a ideia de um Deus perfeito, todo-poderoso e onisciente.

Deus é a fonte de todas as ideias e, uma vez que ele é bom, não nos enganaria; o uso dos nossos poderes de observação e raciocínio (que também vêm de Deus), portanto, vão nos conduzir à verdade, não à falsidade. Com a chegada de Deus, os mares da dúvida recuam velozmente – o mundo é restaurado e a tarefa de reconstrução do nosso conhecimento sobre uma base firme, científica, pode começar.

Dúvidas que perduram Pouquíssimos foram convencidos pela tentativa que Descartes fez para sair do buraco cético que ele mesmo havia cavado para si. Muita atenção foi dada ao infame "círculo cartesiano" – o uso aparente de ideias claras e distintas para provar a existência de Deus, cuja bondade nos garante o uso de ideias claras e distintas. Qualquer que seja a força desse argumento (e está longe de ficar claro que Descartes caiu de verdade numa armadilha tão óbvia), é difícil partilhar a confiança dele de ter exorcizado com sucesso o demônio. Descartes não pode (e não consegue) negar o fato de que o engano

> **"...recorrer à veracidade do Ser supremo para conseguir provar a veracidade dos nossos sentidos é, certamente, fazer um circuito bastante inesperado."**
>
> David Hume, 1748

ocorre, sim; e, se seguirmos a regra geral que ele criou, isso deve significar que podemos às vezes estar enganados ao pensar que temos uma ideia clara e distinta de algo. Mas, obviamente, não temos como saber que estamos cometendo tal engano e, se não podemos identificar quando isso ocorre, a porta está mais uma vez aberta ao ceticismo.

Descartes tem sido chamado de pai da filosofia moderna. Ele é um bom candidato ao título, mas não pelas razões que teria desejado. Seu objetivo era dissipar de uma vez por todas as dúvidas céticas, para que pudéssemos nos dedicar, confiantes, à busca racional do conhecimento, mas no fim ele teve mais sucesso em aumentar as dúvidas, em lugar de dissipá-las. Gerações posteriores de filósofos têm sido trespassadas pela questão do ceticismo, que ocupa posição de destaque na agenda filosófica desde que Descartes a incluiu nela.

A ideia condensada: estou pensando, logo existo

05 Razão e experiência

Como adquirimos conhecimento? É primariamente pelo uso da razão? Ou a experiência obtida por intermédio de nossos sentidos desempenha papel mais significativo no modo como conhecemos o mundo? Muito da história da filosofia ocidental tem sido influenciada por essa oposição básica entre razão e experiência como princípio fundamental do conhecimento. Especificamente, este é o principal pomo da discórdia entre duas linhas filosóficas – racionalismo e empirismo.

Três distinções básicas Para entender o que está em questão entre as teorias do conhecimento do racionalismo e do empirismo, é conveniente considerar três distinções básicas usadas pelos filósofos para elucidar as diferenças entre eles.

a priori x *a posteriori*

Algo é conhecível *a priori* se pode ser conhecido sem referência à experiência – ou seja, sem qualquer investigação empírica de como as coisas são e estão realmente no mundo; "2 + 2 = 4" é conhecido *a priori* – você não precisa sair andando pelo mundo para constatar essa verdade. Por contraste, se tal investigação é necessária, algo é conhecível apenas *a posteriori*: logo, se for verdade que "o carvão é preto", essa é uma verdade *a posteriori* – para ter certeza disso, você precisa ver um pedaço de carvão.

analítico x sintético

Uma proposição é analítica caso não ofereça mais informação que a já contida nos significados dos termos envolvidos. A verdade da afirmação "Todas as solteiras não são casadas" é aparente pela simples

linha do tempo

c.350 a.C.
Formas de argumentação

1670 d.C.
Fé e razão

virtude de compreensão do significado e da relação das palavras usadas. Em contrapartida, a afirmação "Todas as solteiras são infelizes" é sintética – ela junta (sintetiza) conceitos diferentes para transmitir uma informação significativa (uma informação errônea, neste caso). Para saber se a afirmação é verdadeira ou não, você precisaria checar o estado mental de todas as mulheres não casadas.

necessário x contingente

Uma verdade necessária é aquela que não pode ser de outra forma – deve ser verdadeira em quaisquer circunstâncias, em todos os mundos possíveis. Uma verdade contingente é verdadeira, mas talvez não tivesse sido se as coisas no mundo tivessem sido diferentes. Por exemplo, a afirmação "A maioria dos meninos é desobediente" é contingente – pode ou não ser verdadeira, dependendo de como a maioria dos meninos se comporta de fato. Em contrapartida, se é verdade que todos os meninos são desobedientes e que Ludwig é um menino, então é necessariamente verdade (uma questão de lógica, neste caso) que Ludwig é desobediente.

Parece haver um alinhamento óbvio entre essas distinções: então, à primeira vista, uma afirmação analítica, se verdadeira, o é necessariamente e é conhecida *a priori*; e uma proposição sintética, se verdadeira, o é eventualmente e é conhecida *a posteriori*. Na realidade, porém, as coisas não são nem de longe tão simples, e a principal diferença

Preocupações kantianas

A distinção analítico/sintético tem origem na obra do filósofo alemão Immanuel Kant. Um de seus principais objetivos em *Crítica da razão pura* é demonstrar que existem certos conceitos ou categorias de pensamento, tais como essência e causa, que não podem ser aprendidos com o mundo, mas que temos de usar para darmos sentido ao mundo. O principal tema de Kant é a natureza e a justificação desses conceitos e do conhecimento sintético *a priori* derivado deles.

1739
Ciência e pseudociência

1781
Razão e experiência
O imperativo categórico

1963
A teoria tripartite do conhecimento

> **"A matemática não tem um pé de apoio que não seja puramente metafísico."**
>
> Thomas de Quincey, 1830

entre os empiristas e os racionalistas pode ser apreendida pela diferença no modo como escolhem abordar esses termos. Assim, a incumbência dos racionalistas é mostrar que existem afirmações sintéticas *a priori* – que fatos significantes ou significativos sobre o mundo podem ser descobertos por meios racionais, não empíricos. De modo inverso, a meta do empirista com frequência é mostrar que fatos aparentemente *a priori*, como os da matemática, são na verdade analíticos (veja box).

Alternativas ao fundacionalismo Racionalistas e empiristas podem diferir em muitos aspectos, mas pelo menos concordavam que existe alguma base (razão ou experiência) sobre a qual se fundamenta o conhecimento. Ou seja, o filósofo escocês do século XVIII David Hume pode, por exemplo, criticar Descartes por sua busca quimérica de uma certeza racional por meio da qual pudesse corroborar todo o nosso conhecimento, incluindo a veracidade dos nossos sentidos.

Mas Hume não nega que existe *alguma* base, diz apenas que esse fundamento pode excluir a nossa experiência comum e nossos sistemas naturais de crença.

Ou seja, tanto o racionalismo quanto o empirismo são essencialmente fundacionalistas, mas existem outras abordagens que dispensam essa suposição básica. Uma alternativa influente é o coerentismo, no qual o conhecimento é visto como uma rede entrelaçada de crenças cujos fios sustentam uns aos outros para formar um corpo ou estrutura

Campo de batalha matemático

No conflito entre empirismo e racionalismo, a matemática é o campo de batalha onde as guerras mais intensas têm ocorrido. Para o racionalista, a matemática sempre pareceu oferecer o paradigma do conhecimento, apresentando um universo de objetos abstratos sobre os quais se podiam fazer descobertas com o uso exclusivo da razão. Um empirista não pode deixar passar em branco tal afirmação, e sente-se obrigado seja a negar que fatos matemáticos podem ser conhecidos dessa forma, seja a mostrar que tais fatos são essencialmente analíticos ou triviais. Essa última opção geralmente inclui argumentar que os supostos fatos abstratos da matemática são na verdade constructos humanos e que o pensamento matemático é, em sua raiz, uma questão de convenção: no fim, há um consenso, não uma descoberta; prova, e não verdade.

coerente. Mas é, contudo, uma estrutura sem uma base única, e daí vem o *slogan* coerentista: "Todo argumento precisa de premissas, mas não há nada que seja a premissa de todo argumento".

> ## Rivalidades europeias
>
> Historicamente, os empiristas britânicos dos séculos XVII e XVIII – Locke, Berkeley e Hume – costumam ser reunidos num grupo oposto ao de seus "rivais" continentais, os racionalistas Descartes, Leibniz e Spinoza. Mas, como sempre, essas categorizações muito simples obscurecem boa parte dos detalhes. O racionalista arquetípico Descartes, de um lado, costuma mostrar-se simpático à investigação empírica, ao passo que Locke, o empirista arquetípico, parece às vezes disposto a dar a algumas formas de *insight* intelectual ou intuição o mesmo espaço que os racionalistas lhes dariam.

A ideia condensada: como sabemos algo?

06 A teoria tripartite do conhecimento

"Oh oh, caminho errado", pensou Don ao avistar a figura odiada encostada num poste, as feições familiares demais do rosto abrutalhado claramente visíveis sob a luz amarela. "Eu deveria ter adivinhado que esse pilantra ia aparecer por aqui. Bem, agora eu sei... O que está esperando, Eric? Se você for mesmo durão..." Com toda a atenção concentrada na figura à sua frente, Don não escutou os passos que se aproximavam por trás. E não sentiu nada quando Eric desferiu o golpe fatal na parte de trás de sua cabeça.

Será que Don sabia que Eric, seu assassino, estava no beco naquela noite? Com certeza, Don acreditava que ele estava lá, e sua crença provou estar correta. E ele tinha toda razão em formar tal crença: não fazia ideia de que Eric tinha um gêmeo idêntico chamado Alec, e tinha uma visão clara de um homem que era indistinguível de Eric em todos os aspectos.

A definição de conhecimento por Platão Nossa intuição diz que Don não sabia, na verdade, que Eric estava no beco – apesar do fato de Eric estar mesmo lá, Don acreditava que ele se encontrava lá, e sua crença estava, aparentemente, bem justificada. Mas, ao dizermos isso, estamos indo contra uma das mais sagradas definições na história da filosofia.

Em seu diálogo *Theaetetus*, Platão conduz uma excelente investigação sobre o conceito de conhecimento. Ele chega à conclusão de que o conhecimento é "crença verdadeira com um *logos*" (isto é, com um

linha do tempo

c.350 a.C.
Formas de argumentação

1781 d.C.
Razão e experiência

"relato racional" de por que a crença é verdadeira), ou simplesmente "crença verdadeira justificada". Essa chamada teoria tripartite do conhecimento pode ser expressa mais formalmente como se segue:

Uma pessoa S conhece a proposição P se e apenas se:

1. P é verdade
2. S acredita em P
3. S tem uma justificativa para acreditar em P.

De acordo com essa definição, (1), (2) e (3) são as condições necessárias e suficientes para o conhecimento. As condições (1) e (2) têm sido costumeiramente aceitas sem muito debate – você não pode conhecer uma mentira e você tem de acreditar no que afirma saber. E poucos questionaram a necessidade de alguma forma de justificação apropriada, como estipulado por (3): se você acredita que Noggin vai vencer o Kentucky Derby por ter espetado aleatoriamente um alfinete na lista de cavalos e jóqueis, você não pode afirmar que sabia que isso aconteceria, mesmo que Noggin acabe chegando em primeiro lugar. Você apenas teve sorte.

Gettier joga uma pedra na engrenagem Como era de se esperar, muita atenção foi dada à forma precisa e ao grau de justificação requeridos pela condição (3), mas a estrutura básica proporcionada pela teoria tripartite foi largamente aceita por quase 2500 anos. Então, em 1963, uma pedra foi jogada na engrenagem pelo filósofo norte-americano Edmund Gettier. Num ensaio curto, Gettier ofereceu contraexemplos ao estilo da história de Don, Eric e Alec, nos quais uma pessoa formava uma crença que era verdadeira e justificada – ou seja, que satisfazia as três condições estipuladas pela teoria tripartite – mas que aparentemente não se qualificava como conhecimento de algo que ela pensava saber.

O problema exposto por exemplos do tipo dos de Gettier é que, nesses casos, a justificação para manter uma crença não está ligada da maneira certa à verdade daquela crença, de modo que a verdade é mais ou menos uma questão de sorte. Muita energia tem sido gasta desde então tentando fechar o buraco exposto por Gettier. Alguns filósofos têm questionado todo o projeto na tentativa de definir o conhecimento em termos de condições necessárias e suficientes. Com mais frequência, porém, tentativas de solucionar o problema de Gettier envolvem encontrar uma fugidia "quarta condição" que possa ser atrelada ao modelo platônico.

Diversas sugestões para aperfeiçoar o conceito de justificação são de natureza "externalista", com foco em fatores que se encontram fora dos estados psicológicos do conhecedor putativo. Por exemplo, a teoria causal insiste que a promoção de crença verdadeira a conhecimento depende de a crença ser causada por fatores externos relevantes.

É pelo fato de a crença de Don estar, por causalidade, relacionada à pessoa errada – Alec, e não Eric – que ela não conta como conhecimento.

Desde o ensaio de Gettier, a busca por um "remendo" tornou-se um tipo de corrida às armas filosóficas. Tentativas de aperfeiçoamento da definição tripartite foram recebidas com um fogo de artilharia formado de contraexemplos cuja intenção era mostrar que parte da falha continua lá. Sugestões que aparentemente evitam o problema de Gettier tendem a fazê-lo ao custo de excluir muito do que intuitivamente consideramos conhecimento.

O conhecimento deveria ser irrevogável?

Uma sugestão para a quarta condição da teoria tripartite é que o conhecimento deveria ser o que os filósofos chamam de "irrevogável". A ideia é que não deveria existir coisa alguma de que alguém pudesse ter conhecimento que anulasse as razões que esse alguém tivesse para acreditar em algo. Por exemplo, se Don soubesse que Eric tinha um irmão gêmeo idêntico, ele não teria justificativa para acreditar que o homem encostado no poste fosse Eric. Mas, pelo mesmo raciocínio, se o conhecimento precisa ser irrevogável, Don não teria *sabido* que era Eric, *mesmo que tivesse sido*. É esse o caso, Don sabendo ou não da existência do irmão gêmeo; sempre poderia existir algum fator desse tipo, portanto, sempre haverá uma percepção de que os conhecedores nunca sabem o que sabem. Como muitas outras respostas ao problema de Gettier, a demanda por irrevogabilidade pode estabelecer parâmetros tão altos que pouco do que costumamos considerar como conhecimento passaria no teste.

A comédia dos erros

A técnica de usar identidades falsas, em especial no caso de gêmeos idênticos, para questionar conhecimento que é (aparentemente) justificado é bastante conhecida para os que estão familiarizados com as peças de Shakespeare. Por exemplo, em *A comédia dos erros* não existe um, mas dois pares de gêmeos idênticos: Antífolo e Drômio de Siracusa e Antífolo e Drômio de Éfeso – separados após o nascimento durante um naufrágio. Shakespeare usa a reunião dos gêmeos para criar uma farsa engenhosa que pode ser analisada do mesmo modo que os contraexemplos de Gettier. Assim, quando Antífolo de Siracusa chega a Éfeso, Ângelo, o ourives local, o chama de "mestre Antífolo". Confuso, pois jamais havia estado em Éfeso, Antífolo de Siracusa responde "Sim, esse é meu nome". Ângelo diz "Eu sei, senhor". Na verdade, Ângelo não "sabe". Segundo a teoria tripartite, o que ele julga saber é justificado; no entanto, é pura coincidência que seu cliente tenha um gêmeo idêntico de mesmo nome.

A ideia condensada: quando realmente sabemos algo?

# 07 A questão mente-corpo

Desde o século XVII, a marcha da ciência tem varrido tudo à sua frente. O trajeto mapeado por Copérnico, Newton, Darwin e Einstein é pontuado por numerosos marcos significativos, criando a esperança de que, um dia, até as regiões mais remotas do universo e os segredos mais recônditos dos átomos serão revelados. Ou não? Pois existe uma coisa – ao mesmo tempo a mais óbvia e a mais misteriosa de todas – que até hoje tem resistido aos melhores esforços tanto dos cientistas quanto dos filósofos: a mente humana.

Temos todos consciência imediata de nossa consciência – sabemos que temos pensamentos, sentimentos, desejos que são subjetivos e privados; que somos atores no centro do nosso mundo, sobre o qual temos uma visão única e pessoal. Por comparação, a ciência é triunfantemente objetiva, aberta a análise, evitando o que é pessoal e perspectivo. Sendo assim, como é concebível que algo tão estranho como a consciência possa existir no mundo físico que é revelado pela ciência? Como os fenômenos mentais podem ser explicados em termos de – ou, por outro lado, estarem relacionados a – estados físicos e eventos corporais? Essas perguntas, juntas, formam a questão mente-corpo, talvez uma das mais espinhosas de todas as questões filosóficas.

Tanto na epistemologia (a filosofia do conhecimento) quanto na filosofia da mente, no século XVII, o francês René Descartes causou um impacto que reverbera até hoje na filosofia ocidental. O fato de Descartes refugiar-se na certeza do seu próprio eu (veja a página 20) levou-o naturalmente a dar um status mais elevado à mente que ao mundo externo a ela.

Em termos metafísicos, ele concebeu a mente como uma entidade inteiramente distinta – como substância mental, cuja natureza essen-

linha do tempo

1637	1644	1655
A questão mente-corpo	*Cogito ergo sum*	O navio de Teseu

O fantasma de Ryle

Em seu livro *The concept of mind* (1949), o filósofo inglês Gilbert Ryle argumenta que a concepção dualista de mente e corpo de Descartes tem como base um "erro categorial". Imagine, por exemplo, um turista a quem mostram os prédios das faculdades, bibliotecas e outros que formam a Universidade de Oxford, e que ao final do passeio reclama que não viu a universidade. O turista, erroneamente, incluiu a universidade e os prédios que a compõem na mesma categoria de existência, e assim distorceu por completo a relação entre ambos. Na visão de Ryle, Descartes cometeu um engano semelhante no caso da mente e da matéria, supondo erroneamente que elas fossem substâncias completamente diferentes. Dessa metafísica dualista surge a afrontosa imagem criada por Ryle, o "fantasma na máquina": a mente imaterial ou alma (o fantasma) de algum modo vivendo dentro do corpo material (a máquina) e manipulando-o. Após desferir seu golpe destruidor contra o dualismo cartesiano, Ryle apresenta a sua própria solução para a questão mente-corpo: o behaviorismo (veja a página 43).

---

cial é o pensamento. Todo o resto é matéria, ou substância material, cuja definição característica é a extensão espacial (isto é, a ocupação de espaço físico). Assim, ele visualizou dois universos distintos, um de mentes imateriais, com propriedades mentais como pensar e sentir, e outro de corpos materiais, com propriedades físicas como massa e formato. Foi essa imagem da relação entre corpo e mente, conhecida como "dualismo substancial", que Gilbert Ryle atacou e chamou de "dogma do fantasma na máquina" (veja box).

Problemas do dualismo A vontade de beber faz meu braço erguer o copo; espetar o pé num alfinete me causa dor. Mente e corpo (como sugere o senso comum) interagem: eventos mentais provocam eventos físicos e vice-versa. Mas a necessidade de tal interação lança de imediato uma sombra sobre o quadro cartesiano. É um princípio científico básico que um efeito físico exige uma causa física, mas, ao tornar mente e matéria *essencialmente* diferentes, Descartes parece ter tornado a interação impossível.

1690 O véu da percepção

1912 Outras mentes

1950 O teste de Turing

1974 Como é ser um morcego?

> **"O dogma do fantasma na máquina... afirma que existem corpos e mentes; que ocorrem processos físicos e processos mentais; que há causas mecânicas para movimentos corporais e causas mentais para movimentos corporais."**
>
> Gilbert Ryle, 1949

O próprio Descartes reconheceu o problema e percebeu que seria necessária a intervenção divina para efetuar a necessária relação causal, mas ele não fez nada além disso para resolver a questão. Nicolas Malebranche, mais jovem, contemporâneo e seguidor de Descartes, aceitou o dualismo definido por ele e tomou para si o problema da causação. Sua surpreendente solução foi afirmar que, na verdade, a interação não acontecia. Em vez disso, sempre que uma conjunção de eventos mentais e físicos era necessária, Deus agia para fazê-la acontecer, criando assim uma aparência de causa e efeito. A inaptidão dessa doutrina, conhecida como "ocasionalismo", conquistou poucos adeptos e serviu principalmente para salientar a seriedade do problema que havia tentado resolver.

Um caminho tentador para evitar alguns dos problemas enfrentados pela posição cartesiana é o *dualismo de propriedade*, que tem origem na obra do holandês Baruch Spinoza, contemporâneo de Descartes, que afirma que a noção de dualismo está relacionada não a substâncias, mas a propriedades: dois tipos distintos de propriedade, mental e física, podem ser atribuídos a uma única coisa (pessoa ou objeto), mas tais atributos são irredutivelmente diferentes e não podem ser analisados em termos um do outro. Assim, as diferentes propriedades descrevem diferentes *aspectos* da mesma entidade (por isso, essa visão às vezes é chamada de "teoria do duplo aspecto"). A teoria pode explicar como ocorre a interação mente-corpo, pois as causas de nossas ações em si têm aspectos tanto físicos quanto mentais. Mas, ao atribuir tipos essencialmente diferentes de propriedade a um único sujeito, existe a suspeita de que o dualismo de propriedade não fez nada além de alterar o mais intimidante problema relativo ao dualismo de substância, em lugar de resolvê-lo.

Fisicalismo A resposta óbvia para as dificuldades enfrentadas pelo dualismo de substância de Descartes é adotar um enfoque monístico – afirmar que existe um único tipo de "substância" no mundo, seja mental, seja física, e não dois. Alguns poucos, em especial George Berkeley (veja a página 18), tomaram o caminho idealista, declarando que a realidade consiste apenas de mentes e suas ideias. Mas a grande maioria, certamente entre os filósofos atuais, optou por alguma forma de explicação fisicalista.

Incentivado pelo inegável sucesso da ciência em outras áreas, o fisicalista insiste que a mente também deve ser colocada no campo de ação da ciência; e uma vez que o objeto de estudo da ciência é exclusivamente físico, a mente também deve ser física. A tarefa, então, passa a ser explicar como a mente (subjetiva e privada) se encaixa numa consideração completa e puramente física do mundo (objetivo e publicamente acessível).

O fisicalismo já assumiu diversas formas, mas o que todas têm em comum é que são redutivas: afirmam mostrar que fenômenos mentais podem ser analisados, completa e exaustivamente, em termos puramente físicos. Avanços na neurociência deixaram poucas dúvidas de que estados mentais estão intimamente ligados a estados do cérebro. O curso de ação mais simples para o fisicalista, então, é afirmar que fenômenos mentais são, na verdade, idênticos a eventos físicos e processos no cérebro. As versões mais radicais dessas teorias da identidade são "eliminativas": propõem que, conforme nosso conhecimento científico avança, a "psicologia *folk*" – nossos modos ordinários de pensar e expressar nossas vidas mentais, em termos de crenças, desejos, intenções e tudo o mais – irá desaparecer, substituída por conceitos exatos e descrições derivadas principalmente da neurociência.

Soluções fisicalistas para a questão mente-corpo afastam ao mesmo tempo muitas das dificuldades do dualismo. Os mistérios da causação, em especial, que atormentam os dualistas, são dissipados simplesmente trazendo a consciência para o âmbito da explicação científica. De modo previsível, críticos do fisicalismo reclamam que seus proponentes deixaram muita coisa de lado; que os sucessos que alcançaram tiveram um custo altíssimo: a falha em apreender a essência da experiência consciente, sua natureza subjetiva.

> ## Origens dualistas
>
> Descartes pode ter feito a afirmação clássica sobre o dualismo da substância, mas com certeza não foi o primeiro. Com efeito, formas de dualismo estão implícitas em qualquer filosofia, religião ou visão de mundo que pressuponha a existência de um domínio sobrenatural no qual corpos imateriais (almas, deuses, demônios, anjos e outros seres do tipo) residem. A ideia de que uma alma pode sobreviver à morte de um corpo físico ou reencarnar em outro corpo (humano ou não) também exige algum tipo de conceito dualista do mundo.

A ideia condensada: a mente é algo assombroso

08 Como é ser um morcego?

"...imagine que uma pessoa tem membranas nos braços, o que lhe permite voar ao anoitecer e ao amanhecer, capturando insetos com a boca; essa pessoa tem visão ruim e percebe o mundo à sua volta por meio de um sistema de sinais sonoros de alta frequência refletidos; e ela passa o dia pendurada de ponta-cabeça, pelos pés, num sótão. Até onde posso imaginar (o que não me leva muito longe), isso me diz como seria minha vida se eu me comportasse como um morcego. Mas essa não é a questão; eu quero saber como é para um morcego ser um morcego."

Na filosofia da mente, o artigo "Como é ser um morcego?", escrito pelo filósofo norte-americano Thomas Nagel em 1974, é mais influente que qualquer outro estudo publicado em tempos recentes. Nagel capta de modo sucinto a essência do descontentamento que muitos sentem diante das tentativas atuais de analisar a nossa vida mental e a nossa consciência em termos puramente físicos. Por essa razão, seu artigo tornou-se praticamente um totem para os filósofos insatisfeitos com os fisicalistas e as teorias redutoras da mente.

A perspectiva do morcego   O elemento principal do trabalho de Nagel é a existência de um "caráter subjetivo da experiência" – algo como *ser* um organismo em particular, algo que seja *como é* para tal organismo – que nunca é apreendido por relatos reducionistas. Usemos o exemplo de um morcego. Morcegos voam e localizam insetos no escuro por meio de um sistema de sonar, ou ecolocalização, emitindo em alta frequência gritos que refletem nos objetos à sua volta e retornam a eles em forma de eco.

linha do tempo

c.250 a.C.	1637 d.C.	1655
Os animais sentem dor?	A questão mente-corpo	O navio de Teseu

Essa forma de percepção é completamente diferente de qualquer sentido que possuímos, portanto, é razoável supor que é subjetivamente diferente por completo de qualquer coisa que podemos experimentar. De fato, existem experiências que nós, como humanos, jamais poderemos experimentar, mesmo em princípio; existem fatos sobre experiências cuja natureza exata está além da nossa compreensão. A incompreensibilidade essencial desses fatos deve-se à sua natureza subjetiva – ao fato de que incorporam essencialmente um ponto de vista particular.

> **Sem consciência, a questão mente-corpo seria bem menos interessante. Com consciência, parece impossível de solucionar.**
> Thomas Nagel, 1979

Há uma tendência entre os filósofos fisicalistas de citar exemplos de redução científica bem-sucedida, como a análise da água como H_2O ou a do raio como uma descarga elétrica, e depois sugerir que esses casos são semelhantes em termos de fenômenos físicos. Nagel nega isso: o sucesso desse tipo de análise científica é baseado em alcançar uma objetividade maior por meio do afastamento de um ponto de vista subjetivo; e é precisamente a missão desse elemento subjetivo das teorias da mente dos fisicalistas que as torna incompletas e insatisfatórias. Como conclui Nagel, "é um mistério como o caráter verdadeiro das experiências poderia ser revelado na operação física do organismo", que é tudo o que a ciência tem a oferecer.

O que Mary não sabia Nagel parece contente em deixar a questão permanecer um mistério – para salientar a falha das teorias fisicalistas recentes em apreender o elemento subjetivo que parece ser essencial à consciência. Ele professa ser contrário às abordagens reducionistas, não ao fisicalismo em si. O filósofo australiano Frank Jackson tenta ir além. Em um estudo de 1982 bastante discutido, intitulado "O que Mary não sabia", ele apresenta um experimento sobre uma garota que sabe todos os fatos concebíveis sobre as cores. Ora, se o fisicalismo estivesse correto, argumenta Jackson, Mary saberia tudo o que há para saber.

Mas acontece que existem coisas (fatos) que, no fim das contas, ela desconhece: ela não sabe como é enxergar as cores; ela aprende como

1912	**1953**	**1974**
Outras mentes	O besouro na caixa	Como é ser um morcego?

Mary monocromática

Desde o nascimento, Mary foi confinada num quarto preto e branco, onde nunca foi exposta a nada que não fosse preto, branco ou em tons de cinza. Sua educação pode ter sido anormal, mas não foi negligenciada, e por meio da leitura de livros (nada de livros coloridos, claro) e de programas de TV (em preto e branco), ela acabou por tornar-se a maior cientista do mundo. Aprendeu literalmente tudo o que havia para aprender (que podia ser aprendido) sobre a natureza física do mundo, sobre nós e o ambiente em que vivemos. Finalmente chegou o dia em que Mary saiu de seu quarto monocromático para o mundo externo. Ela levou um grande choque! Viu cores pela primeira vez. Ela soube então o que era enxergar o vermelho, o azul, o amarelo. Mesmo já sabendo todos os fatos físicos sobre as cores, ainda havia coisas sobre as cores que ela não conhecia...

Moral:
1) existem fatos que não são físicos;
2) cuidado na hora de escolher quem serão seus pais.

---

seria enxergar o vermelho (etc.). Jackson conclui que existem fatos que não são, e não podem ser, apreendidos pela teoria física – fatos não físicos – e portanto o fisicalismo está errado (veja box).

Fisicalistas leais às suas ideias discordam, é claro, do argumento de Jackson. As maiores objeções referem-se ao status do que ele chama "fatos não físicos": alguns críticos aceitam que sejam fatos, mas negam que sejam não físicos; outros afirmam que não são fatos. A raiz dessas objeções é que Jackson levantou a questão básica contra o fisicalismo: se o fisicalismo está correto e Mary conhece todos os fatos físicos que podem ser conhecidos sobre as cores, então ela saberá de verdade tudo o que há para saber sobre a vermelhidão, incluindo experiências subjetivas associadas à cor vermelha. Também existe a suspeita da falácia do homem mascarado (veja box) no modo como Jackson utiliza os estados psicológicos de Mary para fazer a distinção necessária entre fatos físicos e não físicos.

Qualquer que seja a força dos argumentos contra Mary, é difícil não pensar que tanto Nagel quanto Jackson puseram o dedo na ferida – algo essencial falta às versões do fisicalismo que foram propostas até hoje. Talvez seja seguro concluir que a questão de ajustar a consciência a uma visão puramente física do mundo ainda vai causar muita discussão.

O homem mascarado

De acordo com uma das leis de Leibniz (a "identidade dos indiscerníveis"), se duas coisas, A e B, são idênticas, cada propriedade de A será propriedade de B; sendo assim, se A tem uma propriedade que falta a B, A e B não são idênticas. Ora, Bertie acha que Bono é o maior astro do rock em todo o mundo, mas não tem opinião formada sobre Paul Hewson (ele desconhece que esse é o nome original de Bono). Isso significa que Bono tem uma propriedade que falta a Paul Hewson – a propriedade de ser considerado por Bertie o maior astro do rock em todo o mundo – e, assim, segundo a lei de Leibniz, Bono não é a mesma pessoa que Paul Hewson. Mas ele é, então algo está errado com o argumento. O problema deve-se à chamada falácia do homem mascarado: não sei quem é o homem mascarado; sei quem é o meu irmão; logo, o meu irmão não é o homem mascarado. A origem da falácia é que visões ou crenças subjetivas sobre algo não são propriedades verdadeiras desse algo: você pode saber algo sobre uma coisa descrita de modo diferente, assim como pessoas diferentes podem ter crenças diferentes sobre a mesma coisa.

Ao pensar no experimento feito com Mary, terá Frank Jackson cometido a falácia do homem mascarado? Adversários fisicalistas argumentam que ele usa o "tipo errado" de propriedade para estabelecer uma dualidade de fatos físicos e não físicos. Mas, na verdade, dizem eles, só existe um tipo de fato (fatos físicos) sobre o qual podem ser feitas descrições diferentes, essencialmente subjetivas. São dois jeitos de enxergar a mesma coisa.

A ideia condensada: dentro da mente de um morcego?

09 O teste de Turing

Parry: Policiais prendem as pessoas erradas.
Entrevistador: Às vezes, prendem as pessoas certas.
Parry: A lei deveria ir atrás daqueles bandidos italianos.
Entrevistador: Você é italiano?
Parry: Meus ancestrais são britânicos, mas eu nasci neste país.
Entrevistador: Você conhece alguns bandidos italianos?
Parry: Tento evitar o submundo.
Entrevistador: Você tem medo do submundo?
Parry: Os mafiosos são os piores gângsteres.
Entrevistador: Você tem ligação com a Máfia?
Parry: Você sabe, eles me conhecem.
Entrevistador: Como eles o conhecem?
Parry: Eles me espionam.
Entrevistador: Por que eles fazem isso?
Parry: Eles querem me pegar.

Por acaso, Parry parece um sujeito em apuros? Talvez, mas seu maior problema não é a máfia – é o fato de ser um programador de computador. Criado em 1971 por Kenneth Colby, psiquiatra da Universidade de Stanford, Parry foi programado para responder perguntas como se fosse um esquizofrênico com uma fixação paranoica de que é um alvo da máfia.

Colby desenvolveu um teste no qual Parry foi entrevistado junto com alguns pacientes genuinamente paranoicos, e depois os resultados foram analisados por uma junta de psiquiatras. Ninguém da junta percebeu que Parry não era um paciente real.

linha do tempo

c.1637	1912
A questão mente-corpo	Outras mentes

Parry é capaz de pensar? Vinte e um anos antes do nascimento de Parry, em 1950, Alan Turing, matemático britânico e pioneiro da computação, escreveu um estudo seminal no qual propunha um teste para determinar se uma máquina era capaz de pensar. O teste, baseado numa brincadeira chamada jogo da imitação, precisa de uma interrogadora para se comunicar com um humano e uma máquina, todos fisicamente separados uns dos outros por meio de um equipamento eletrônico. Ela pode fazer qualquer pergunta para tentar distinguir o humano da máquina e, se depois de um período de tempo, ela fracassar na tentativa, a máquina terá passado no teste.

E Parry passou no teste? Na verdade, não. Para ser considerado um teste de Turing, a junta de psiquiatras (no papel de interrogadora) deveria ter sido informada de que um dos pacientes era uma máquina e que eles deveriam identificar qual era. De qualquer modo, Parry logo teria sido identificado caso o interrogassem mais a fundo. O próprio Turing acreditava que, no final do século XX, os avanços na programação de computadores teriam alcançado um ponto no qual um interrogador não teria mais que 70% de chance de fazer uma identificação correta depois de cinco minutos de entrevista, mas na verdade o progresso foi bem mais lento do que ele antecipou. Até hoje, nenhum programa de computador chegou perto de ser aprovado no teste de Turing.

> **"Acredito que, no fim do século [XX], o uso da palavra e a opinião geralmente educada terão mudado tanto que alguém será capaz de falar de máquinas pensantes sem esperar ser contrariado."**
> **Alan Turing, 1912-1954**

Turing propôs seu teste para esquivar-se da pergunta "As máquinas são capazes de pensar?", que ele considerava imprecisa demais para ser levada em consideração, mas o teste é hoje largamente aceito como critério pelo qual julgar se um programa de computador está apto a pensar (ou se "tem mente" ou "mostra inteligência", de acordo com a aptidão).

Como tal, o teste é visto como um ponto de referência por proponentes (científicos e filosóficos) da "IA (Inteligência Artificial) forte" – a tese de que computadores programados de modo apropriado têm mentes (não apenas simulações de mente) no sentido preciso de mente que os humanos têm.

O quarto chinês   A mais influente objeção ao teste de Turing é uma experiência do pensamento proposta pelo filósofo norte-americano John Searle. Ele – que fala inglês e não entende uma palavra de chinês – se imagina confinado num quarto no qual são inseridos por uma abertura maços de papel com escritos em chinês. Searle já está equipado com uma pilha de símbolos chineses e um grande livro de regras, em inglês, que explica como ele deve postar certas combinações de símbolos em resposta a sequências de símbolos contidos nos maços de papel postados para ele. Com o tempo, ele fica tão bom na tarefa que, do ponto de vista de alguém fora do quarto, suas respostas são indistinguíveis daquelas de um falante nativo de chinês. Em outras palavras, as entradas e saídas de dados do quarto são exatamente similares às que existiriam se Searle compreendesse chinês. Mas tudo o que ele está fazendo é manipular símbolos formais não interpretados; ele não entende nada.

> **"Tentativas atuais de entender a mente por analogia com computadores feitas pelos homens, que podem executar de modo soberbo algumas das mesmas tarefas externas de seres conscientes, serão consideradas uma gigantesca perda de tempo."**
> **Thomas Nagel, 1986**

Produzir *outputs* apropriados em resposta a *inputs*, seguindo as regras estabelecidas por um programa (equivalente ao livro de regras em inglês de Searle), é precisamente o que faz um computador digital. Searle sugere que, como o homem dentro do quarto chinês, um programa de computador, por mais sofisticado que seja, é apenas, e nem poderia ser mais que isso, um manipulador de símbolos ignorante; ele é essencialmente sintático – segue regras para manipular símbolos –, mas não tem compreensão do significado, ou semântica. Assim como não há compreensão dentro do quarto chinês, não há compreensão num programa de computador; nada de compreensão, de inteligência, de mente; apenas uma simulação disso tudo.

Passar no teste de Turing é basicamente uma questão de providenciar *outputs* apropriados para os *inputs* fornecidos, e assim o quarto chinês, se aceito, destrói sua pretensão de funcionar como teste para uma máquina pensante. E, se o teste de Turing deixa de ser válido, o mesmo acontece com a tese principal da IA forte. Mas essas não são as únicas vítimas. Duas abordagens bastante significativas para a filosofia da mente também são solapadas se a questão do quarto chinês for admitida.

> ### Na cultura popular
>
> Arthur C. Clark levou a sério a previsão de Alan Turing. Na obra escrita em 1968 em colaboração com Stanley Kubrick, *2001: Uma odisseia no espaço*, ele criou um computador inteligente chamado HAL (cada letra anterior às letras da sigla IBM). Na história, nenhum dos humanos parece surpreso com o fato de um computador controlar a nave espacial.

Problemas para o behaviorismo e o funcionalismo A ideia principal por trás do behaviorismo é que os fenômenos mentais podem ser traduzidos, sem qualquer perda de conteúdo, para tipos de comportamento ou disposição para um comportamento. Assim, dizer que alguém sente dor, por exemplo, é um modo abreviado de dizer que alguém está sangrando, fazendo uma careta etc. Em outras palavras, eventos mentais são definidos inteiramente em termos de *inputs* e *outputs* externos, observáveis, mas cuja suficiência é explicitamente negada pelo quarto chinês. O behaviorismo, dada sua clássica exposição por Gilbert Ryle (veja a página 33), havia sucumbido a um número fatal de objeções antes de Searle aparecer. Sua importância, hoje, reside no fato de ter originado uma doutrina que é provavelmente a mais aceita teoria da mente – o funcionalismo.

Corrigindo muitas das falhas do behaviorismo, o funcionalismo afirma que os estados mentais são estados funcionais: certo estado mental é identificado como tal em virtude do papel ou função que desempenha em relação a vários *inputs* (as causas que tipicamente o trazem à tona), dos efeitos que tem sobre outros estados mentais, e vários *outputs* (os efeitos que tem tipicamente sobre o comportamento). Para usar uma analogia de computador, o funcionalismo (como o behaviorismo) é uma "solução *software*" para a teoria da mente: define os fenômenos mentais em termos de entrada e saída de dados, sem considerar a plataforma *hardware* (dualista, fisicalista, qualquer que seja) na qual o *software* esteja rodando. O problema, é claro, é que focar nos *inputs* e *outputs* ameaça nos levar direto de volta para o quarto chinês.

A ideia condensada: você já fez o teste de Turing?

10 O navio de Teseu

Cara, Theo teve problemas com o carro que comprou no Joe's! Tudo começou com pequenas peças – uma fechadura de porta precisou ser trocada, pedaços da suspensão traseira caíram, o normal. Depois coisas mais sérias aconteceram – a alavanca da embreagem, a caixa de câmbio, por fim a transmissão inteira. Mais partes quebraram, o carro mal saía da oficina. E assim foi, e foi, e foi... Inacreditável. "Mas não tão inacreditável", pensou Theo, "quanto o fato de todas as peças de um carro de apenas dois anos terem sido trocadas. Mas veja o lado bom – talvez agora eu tenha um carro novo!"

Será que Theo tem razão? Ou o carro ainda é o mesmo? A história do carro de Theo – ou, mais precisamente, do navio de Teseu – é um dos muitos quebra-cabeças usados pelos filósofos para testar intuições sobre a identidade de coisas ou pessoas ao longo do tempo. Parece que nossas intuições nessa área costumam ser fortes, mas conflitantes. A história do navio de Teseu foi contada pelo filósofo inglês Thomas Hobbes, que a aperfeiçoou. Voltando à versão de Theo...

Joe Honesto não fazia jus ao nome. A maioria das peças que ele trocou no carro de Theo estavam boas, e ele havia consertado todas que não estavam. Joe havia guardado as peças velhas e começara a montá-las juntas. Depois de dois anos, ele tinha uma cópia exata do carro de Theo. Ele achava que era uma cópia. Ou seria o carro de Theo?

Crise de identidade   Qual é o original? O carro que Theo possui, agora todo feito de peças novas, ou a versão de Joe, toda construída com as peças originais?

linha do tempo

1637
A questão mente-corpo

1644
Cogito ergo sum

Depende de para quem você fizer a pergunta. Mas qualquer que seja a resposta, a identidade do carro ao longo do tempo não é tão certinha quanto desejaríamos que fosse.

Não é um problema que envolve apenas carros e navios. As pessoas mudam bastante durante a vida. Física e psicologicamente, existe muito pouco em comum entre um garotinho de dois anos e o velhote de 90 anos que ocupou o lugar dele 88 anos mais tarde. Serão eles a mesma pessoa? Se forem, o que os torna essa mesma pessoa? Isso interessa apenas para punir o velho de 90 anos por algo que ele fez 70 anos antes? E se ele não se lembrar do que fez? Deveria um médico permitir que o velho de 90 anos morresse porque esse foi um desejo que ele expressou 40 anos antes por uma (suposta) versão anterior dele mesmo?

Esse é o problema da identidade pessoal, que tem atormentado filósofos há centenas de anos. Quais seriam então as condições necessárias e suficientes para que uma pessoa num determinado período seja a mesma tempos mais tarde?

Animais e transplantes de cérebro O senso comum, provavelmente, diz que a identidade pessoal é uma questão biológica: eu sou agora quem eu era no passado porque sou o mesmo organismo vivo, o mesmo animal humano; estou ligado a um corpo específico que é uma única e contínua entidade orgânica. Mas pense por um momento no transplante de cérebro – no qual o *seu* cérebro é transferido para o meu corpo. Nossa intuição afirma com certeza que *você* tem um novo corpo, não que o meu corpo tem um novo cérebro; assim, parece que ter um corpo específico *não é* uma condição necessária para a sobrevivência pessoal.

Essa consideração levou alguns filósofos a recuar do corpo para o cérebro – a dizer que a identidade está ligada não ao corpo inteiro, mas ao cérebro. Esse movimento satisfaz nossa intuição no que se refere ao transplante de cérebro, mas ainda não resolve o assunto. Nossa preocupação é com o que supomos que emana do cérebro, não com o órgão físico em si. Embora possamos não ter certeza de como a atividade cerebral dá origem à consciência ou à atividade mental, poucos duvidam que o cérebro de algum modo permeia essa atividade. Considerando o que faz de mim "eu", é o "*software*" de experiências, me-

1655	**1950**	**1981**
O navio de Teseu	O teste de Turing	O cérebro numa cuba

> ## O oficial valente
>
> Thomas Reid tentou sabotar a proposição de Locke com esta história:
> *Um corajoso oficial, quando criança, havia sido chicoteado por roubar frutas num pomar; em sua primeira campanha militar, ele capturou uma bandeira inimiga; anos mais tarde, foi promovido a general. Suponha que, quando capturou a bandeira, ele ainda se lembrasse das chicotadas, mas quando tornou-se general ele se lembrava de ter capturado a bandeira, mas não de ter levado chicotadas.*
> Locke pôde aceitar a implicação na objeção de Reid: sua tese envolvia uma distinção clara entre o ser humano (organismo) e a pessoa (sujeito da consciência), de modo que o velho general seria, na verdade, uma pessoa diferente do garoto chicoteado.

mórias, crenças etc. que diz respeito a mim, não o "*hardware*" de um pedaço de massa cinzenta. Meu sentido de identidade não mudaria muito se a soma dessas experiências, memórias etc. fosse copiada num cérebro artificial, ou se o cérebro de outra pessoa fosse reconfigurado para receber todas as minhas memórias, crenças etc. Sou a minha mente; vou onde a minha mente estiver. Com base nisso, minha identidade não está nem um pouco ligada ao meu corpo físico, incluindo meu cérebro.

Continuidade psicológica Fazendo uma abordagem psicológica da questão da identidade pessoal, em lugar de uma abordagem biológica ou física, vamos supor que cada pedaço da minha história psicológica esteja ligada a pedaços anteriores por fios de duradouras lembranças, crenças etc. Nem todas elas (talvez nenhuma) precisam ir do começo ao fim; desde que exista uma rede única e sobreposta de tais elementos, isso forma a minha história. Sou eu. A ideia de continuidade psicológica como critério principal de identidade pessoal ao longo do tempo partiu de John Locke. É a teoria dominante entre os filósofos contemporâneos, mas não está isenta de problemas.

Imagine, por exemplo, um sistema de teletransporte ao estilo de *Jornada nas estrelas*. Suponha que o sistema registre a sua composição física até o último átomo e depois transfira os seus dados para um local remoto (digamos de Londres, Terra, para Estação Lunar 1), onde o seu corpo é duplicado (usando matéria nova) no exato instante em que o seu corpo é destruído em Londres. Tudo está bem – desde que você seja partidário da tese de continuidade psicológica: há um fluxo ininterrupto de memórias etc. fluindo do indivíduo em Londres para o indivíduo na Lua, ou seja, a continuidade psicológica – e, portanto, a identidade pessoal – foi preservada. Você está na Estação Lunar 1.

Mas suponha que houve um problema com o teletransportador e o seu corpo em Londres não foi destruído. Agora existem dois de "você". Um na Terra e outro na Lua. De acordo com a tese da continuidade, como o fluxo psicológico foi preservado nos dois casos, ambos são você. Nessa situação, não hesitaremos em dizer que você é o indivíduo que está em Londres, e o que está na Lua é uma cópia. Mas, se essa intuição estiver correta, parecemos ser forçados a recuar do psicológico para o biológico/animal; parece ser importante que você é o ser de carne e osso em Londres, e não o indivíduo que está na Lua.

Definindo quem você é Essas intuições confusas podem derivar de se fazer as perguntas erradas, ou de se aplicar conceitos errados ao respondê-las. David Hume chamou atenção sobre a dificuldade de compreensão do eu (self), dizendo que, por mais que você olhe para dentro de si, só será capaz de detectar pensamentos, memórias e experiências individuais. Embora seja natural imaginar um self substancial que seja o sujeito desses pensamentos, ele argumenta que isso é errado – o self é apenas o ponto de vista que dá sentido aos nossos pensamentos e experiências, não pode em si ser determinado por eles.

A ideia do self como uma "coisa" substancial que acreditamos ser a nossa essência causa confusão quando nos imaginamos passando por um transplante de cérebro ou sendo destruídos e reconstituídos em algum outro lugar. Supomos que a nossa sobrevivência pessoal nesses experimentos da mente depende de algum modo de encontrarmos um lugar para esse self. Mas, se pararmos de pensar em termos de self substancial, as coisas tornam-se mais claras. Suponham, por exemplo, que o teletransportador funcione na hora de destruir o seu corpo em Londres, mas crie duas cópias suas na Lua. Perguntar qual delas é você (equivalente a "onde foi parar o meu eu?") é fazer a pergunta errada. O resultado é que agora existem dois seres humanos, cada um começando com exatamente a mesma bagagem de pensamentos, lembranças e experiências; eles seguirão seus próprios caminhos, e suas histórias psicológicas vão divergir. Você (essencialmente a bagagem de pensamentos, experiências e lembranças) sobreviveu em dois novos indivíduos – uma forma interessante de sobrevivência pessoal, alcançada ao custo da sua identidade pessoal!

A ideia condensada:
o que torna você "você"?

11 Outras mentes

Todas aquelas histórias de Hollywood são puro *nonsense*. A expressão esgazeada, os olhos de peixe morto, o olhar fixo – tudo bobagem. Na verdade, é muito difícil detectar um zumbi. Eles se parecem comigo e com você, andam do mesmo jeito, falam do mesmo jeito que nós – nunca deixam perceber que não há nada dentro deles. Dê um bom chute na canela de um zumbi e ele vai recuar e gritar tão alto quanto você ou eu. Mas, ao contrário de você e eu, ele não sentirá nada – nada de dor, nenhuma sensação nem consciência de coisa alguma. Na verdade, digo "você e eu", mas deveria dizer apenas "eu". Não tenho certeza sobre você... sobre nenhum de vocês, para ser sincero.

Zumbis são convidados frequentes do debate filosófico conhecido como o "problema das outras mentes". Sei que tenho uma mente, uma vida interior de experiência consciente, mas o conteúdo da sua mente é particular e oculto de mim; só o que posso observar diretamente é o seu comportamento. Será isso evidência suficiente sobre a qual basear minha crença de que você tem uma mente como a minha? Para dar mais emoção, como posso saber que você não é um zumbi como um dos descritos acima – exatamente como eu em termos de comportamento e fisiologia, mas sem consciência?

Pode parecer absurdo questionar se os outros têm mente, mas será irracional fazer isso? De fato, dada a extraordinária dificuldade em explicar ou encaixar a consciência no mundo físico (veja a página 36), não seria perfeitamente razoável supor que a única mente que conheço – a mi-

> **"Na filosofia, zumbis são mais semelhantes às Esposas de Stepford do que aos monstros comedores de cérebro de *A noite dos mortos-vivos*. Mas com as esposas de Stepford dá para notar, mesmo de modo sutil, que há algo de errado."**
>
> Larry Hauser, 2006

linha do tempo

*c.*250 a.C.	*c.*350 a.C.	1300 d.C.
Os animais sentem dor?	Formas de argumentação	A navalha de Occam

De zumbis a mutantes

Os zumbis não são os únicos convidados em conferências sobre a filosofia da mente. Você também encontrará mutantes. Como os zumbis, mutantes filosóficos são menos assustadores que seus colegas de Hollywood. Na verdade, é impossível distingui-los de pessoas normais no que diz respeito ao comportamento e à aparência física. Eles até têm mente! O problema com os mutantes é que a mente deles é diferente da sua e da minha (bem, da minha, pelo menos).

Não há limite para o quanto os mutantes podem ser diferentes: eles são capazes de sentir prazer com algo que me causa dor, enxergar vermelho onde eu enxergo azul; a única regra é que as sensações e outros eventos mentais dos mutantes são *diferentes* dos meus. Eles são particularmente úteis quando se trata de examinar um aspecto diferente da questão das outras mentes: não a questão de saber se outras pessoas têm mente, mas se a mente delas funciona do mesmo jeito que a minha. Posso afirmar, mesmo a princípio, que você sente dor como eu sinto? Ou quão intensa é a sua sensação de dor? Ou que a sua percepção de vermelho é igual à minha? Com essas perguntas, abre-se toda uma nova área de debates; e, como com outros aspectos da questão de outras mentes, nossas respostas ajudam a elucidar nossos conceitos básicos sobre o que é a mente.

nha – é uma grande raridade, talvez algo único? Talvez o resto de vocês – os zumbis – seja normal e eu a aberração?

Dado que somos tão semelhantes em outros aspectos... As maneiras mais comuns de tentar resolver a questão das outras mentes, desenvolvidas por Bertrand Russell e outros, têm sido variações do chamado argumento por analogia. Sei que, no meu caso, pisar numa tachinha é tipicamente seguido por certos tipos de comportamento (gritar "ai!", fazer uma careta de dor etc.) e acompanhado por uma sensação em especial – dor. Portanto, posso inferir, quando outras pessoas se comportam de modo semelhante em reação a um estímulo semelhante, que elas também sentem dor. Mais genericamente, obser-

1637	1912	1950	1953	1974
A questão mente-corpo	Outras mentes	O teste de Turing	O besouro na caixa	Como é ser um morcego?

vo inúmeras semelhanças, tanto fisiológicas quanto comportamentais, entre eu e outras pessoas, e concluo com base nessas semelhanças que as outras pessoas são semelhantes no que se refere à sua psicologia.

Existe uma aura atraente de senso comum no argumento por analogia. No improvável caso de sermos chamados a defender nossa crença na mente dos outros, provavelmente produziríamos algum tipo de argumentação nessa linha. O argumento é indutivo, claro (veja a página 112), portanto, não podemos (nem é a intenção) oferecer prova conclusiva, mas isso também é verdade no que diz respeito a muitas outras coisas nas quais julgamos ter justificação para acreditar.

A crítica usual ao argumento é que ele envolve inferência ou extrapolação de uma instância única (minha mente). Imagine, por exemplo, que você encontrou uma ostra contendo uma pérola e então conclui que todas as ostras contêm pérolas. Para reduzir o risco desse tipo de erro, você precisa examinar certo número de ostras, mas esse

Lutando contra moinhos de vento?

Aparentemente, o problema das outras mentes é um caso (não o único, na estimativa popular) de filósofos que procuram um problema onde o resto de nós nunca pensou em olhar. É verdade que todos nós (até os filósofos, pelo menos por razões práticas) tomamos por certo que os outros gozam de uma vida interior de pensamentos e sentimentos bem parecidos com os nossos. Mas rejeitar a questão filosófica tomando isso como base é cometer um erro. Ninguém está tentando convencer ninguém de que as pessoas são, na verdade, zumbis. O fato é que algumas maneiras que existem de pensar sobre a relação das mentes com os corpos deixam aberta a *possibilidade* de existirem zumbis. E isso deveria fazer com que olhássemos a sério nossas concepções de mente.

O dualismo cartesiano (veja a página 32) apresenta uma enorme cunha metafísica entre eventos mentais e físicos, e é na rachadura resultante que o ceticismo sobre outras mentes cria raízes. Essa é uma boa razão para olhar criticamente o dualismo, seja em Descartes, seja em suas muitas manifestações religiosas. De modo inverso, uma das atrações das abordagens fisicalistas da mente é que eventos mentais podem ser explicados, pelo menos a princípio, por eventos físicos; e, se o mental se dissolve no físico, ao mesmo tempo os zumbis desaparecem. Isso não torna tais abordagens necessariamente verdadeiras, mas é evidência de que estão indo na direção certa. Desse modo, focar a questão de outras mentes pode jogar luz em assuntos mais gerais contidos na filosofia da mente.

> "Se a relação entre ter um corpo humano e um certo tipo de vida mental é tão contingente quanto a abordagem cartesiana da mente implica, deveria ser igualmente fácil... conceber que uma mesa sente dor do mesmo modo como é para mim conceber que outra pessoa sente dor. A questão, naturalmente, é que as coisas não são assim."
>
> **Ludwig Wittgenstein, 1953**

é precisamente o curso de ação que estamos impedidos de tomar, no caso de outras mentes. Como observou Wittgenstein, "Como posso generalizar um caso tão irresponsavelmente?"

A irresponsabilidade de tirar conclusões com base em uma única instância é amenizada se a inferência é feita num contexto de informação com *background* relevante. Por exemplo, se reconhecemos que uma pérola não tem propósito útil ao funcionamento de uma ostra ou que o valor comercial das pérolas é inconsistente com a sua existência em todas as ostras, estaremos menos inclinados a tirar falsas conclusões com base em um único espécime.

O problema com mentes e consciências é que elas permanecem tão misteriosas, são tão dessemelhantes a tudo o mais com que temos familiaridade, que não fica claro o que pode ser relevante como informação de *background*. Até certo ponto, a questão das outras mentes pode ser vista como outro sintoma da questão mente-corpo, mais geral. Se a nossa teoria da mente pode desmistificar a relação entre os fenômenos mentais e físicos, podemos esperar que as nossas preocupações relativas às mentes diminuam ou deixem de existir (veja box).

A ideia condensada: tem alguém aí?

12 A guilhotina de Hume

"Em todo sistema de moral que até hoje encontrei, sempre notei que o autor segue durante algum tempo o modo comum de raciocinar, estabelecendo a existência de Deus, ou fazendo observações a respeito dos assuntos humanos, quando, de repente, surpreendo-me ao ver que, em vez das cópulas proposicionais usuais, como *é* e *não é*, não encontro uma só proposição que não esteja conectada a outra por um *deve* ou *não deve*...

...Essa mudança é imperceptível, porém da maior importância. Pois como esse *deve* ou *não deve* expressa uma nova relação ou afirmação, esta precisaria ser notada e explicada; ao mesmo tempo, seria preciso que se desse uma razão para algo que parece totalmente inconcebível, ou seja, como essa nova relação pode ser deduzida de outras inteiramente diferentes."

Nessa famosa passagem de seu *Tratado da natureza humana*, o filósofo escocês David Hume oferece, ao seu costumeiro jeito lacônico, a formulação clássica do que tem sido desde então uma das questões centrais na filosofia moral. Como podemos passar de uma afirmação *descritiva* sobre como as coisas são no mundo (uma afirmação "é") para uma afirmação *prescritiva* que nos diz o que deveria ser feito (uma afirmação "deve")? De forma mais resumida, como podemos derivar um "deve" de um "é"?

Hume evidentemente acha que não podemos, e muitos pensadores têm concordado com ele, acreditando que a "guilhotina de Hume" (ou, mais prosaicamente, a "lei de Hume") separou de modo decisivo o mundo dos fatos do mundo dos valores.

A falácia naturalista A lei de Hume costuma ser confundida com uma ideia relacionada, mas distinta, apresentada pelo filósofo inglês

linha do tempo

c.440 a.C.
A carne de um homem...

1739
A guilhotina de Hume
A teoria abaixo/viva

G. E. Moore em sua obra *Principia Ethica* (1903). Moore acusou filósofos anteriores de cometer o que ele chamou de "falácia naturalista", a qual consiste em *identificar* conceitos éticos com conceitos naturais; assim, "bom", por exemplo, é levado a *significar a mesma coisa* que (digamos) "prazeroso". Mas, alegou Moore, ainda é uma questão aberta saber se o que é prazeroso também é bom – a questão é importante –, logo, a identificação deve estar errada.

O ponto de vista de Moore (bem menos influente que a suposta falácia identificada por ele) era que termos éticos, tais como "bom", são propriedades "não naturais" – propriedades simples e não analisáveis, acessíveis apenas por meio de um senso especial de moral conhecido como "intuição".

Para aumentar a confusão, a expressão "falácia naturalista" às vezes é usada para o erro completamente diferente – e muito amado pelos publicitários – de afirmar que o fato de algo ser natural (ou não natural) oferece base suficiente para supor que esse algo também é bom (ou ruim). Vítimas de patógenos naturais que são tratados com remédios sintéticos seriam os primeiros a testemunhar contra a veracidade desse argumento.

Valor em um mundo sem valores A questão que Hume realçou deve-se em parte a duas convicções fortes, mas conflitantes, que muitos de nós partilhamos. Por um lado, acreditamos que vivemos em um mundo físico que pode a princípio ser totalmente explicado por leis passíveis de descoberta pela ciência; um mundo de fatos objetivos do qual o valor é excluído. Por outro lado, sentimos que ao fazer julgamentos morais, por exemplo, afirmar que genocídio é errado, estamos declarando algo verdadeiro sobre o mundo; algo que podemos saber e

> **"Talvez o mais simples e mais importante dado sobre a ética seja puramente lógico. Refiro-me à impossibilidade de derivar regras éticas não tautológicas... de afirmações de fatos."**
>
> **Karl Popper, 1948**

"Eticalismos"

A ética, ou filosofia moral, costuma ser dividida em três grandes áreas. Em um nível mais amplo, a **metaética** investiga a fonte ou base da moralidade, incluindo questões como saber se sua natureza é essencialmente objetiva ou subjetiva. A **ética normativa** foca os padrões éticos (ou normas éticas) nos quais a conduta moral se baseia; o utilitarismo, por exemplo, é um sistema normativo baseado no padrão de "utilidade". Por fim, no nível mais baixo, a **ética aplicada** aplica a teoria filosófica a assuntos práticos como aborto, eutanásia, guerra e o modo de tratar os animais. Filósofos já assumiram várias posições em relação a todas essas questões, e delas surgiram vários "ismos". Os mencionados a seguir são uma amostra das posições éticas mais comumente encontradas.

- **Um absolutista** sustenta que certas ações são certas ou erradas sob quaisquer circunstâncias.

- **Um consequencialista** afirma que as ações podem ser consideradas certas ou erradas usando como referência puramente sua efetividade em alcançar certos fins desejáveis ou certas condições. O sistema consequencialista mais conhecido é o **utilitarismo** (veja a página 73).

- **Um deontologista** julga certas ações intrinsecamente certas ou erradas, sem considerar suas consequências; um significado particular costuma ser vinculado às intenções de um agente e às noções de deveres e direitos. A **ética kantiana** (veja a página 76) é o mais importante sistema deontológico.

---

que seria verdadeiro de qualquer jeito, sem importar o que pensamos a respeito do assunto. Mas esses pontos de vista parecem incompatíveis se aceitarmos a lei de Hume; e, se não podemos basear nossas avaliações morais no mundo livre de valores da ciência, aparentemente somos forçados a voltar aos nossos próprios sentimentos e preferências e devemos buscar em nosso interior as origens dos nossos sentimentos morais.

O próprio Hume estava ciente do significado de sua observação, acreditando que, se lhe fosse dada a atenção necessária, "todos os sistemas vulgares de moralidade" seriam subvertidos. O abismo logicamente intransponível entre fato e valor que Hume parece criar lança dúvidas sobre o próprio status das reivindicações éticas, residindo assim no coração da filosofia moral.

- **Um naturalista** acredita que os conceitos éticos podem ser explicados ou simplesmente analisados quanto aos "fatos da natureza" que podem ser descobertos pela ciência, mais frequentemente os fatos sobre a psicologia humana, tais como o prazer.

- **Um não cognitivista** sustenta que a moralidade não é uma questão de conhecimento, porque o assunto da moralidade não se ocupa absolutamente com os *fatos*; ao contrário, um julgamento moral expressa as atitudes, emoções etc. da pessoa que o faz. Exemplos de posições não cognitivas são o **emotivismo** e o **prescritivismo** (veja a página 66).

- **Um objetivista** sustenta que os valores e propriedades morais são parte da "mobília (ou tecido) do universo", existindo independentemente de qualquer humano que os apreenda; as afirmações éticas não são subjetivas ou relativas a qualquer outra coisa, e podem ser verdadeiras ou falsas, se refletirem corretamente a maneira como as coisas se situam no mundo. O objetivismo afirma que os conceitos éticos são metafisicamente reais e, por conseguinte, em grande parte, coextensivos com o realismo **moral**.

- **Um subjetivista** sustenta que o valor não tem seu fundamento na realidade externa, mas em nossas crenças sobre a realidade, ou em nossas reações a ela. A última posição é basicamente equivalente àquela do não cognitivismo (veja anteriormente). No primeiro caso (uma posição cognitivista), o subjetivista afirma que há fatos éticos, mas nega que estes são objetivamente verdadeiros ou falsos; um exemplo dessa forma de subjetivismo é o **relativismo** (veja a página 56).

A ideia condensada:
o abismo é-deve

13 A carne de um homem...

"Quando Dario era rei da Pérsia, chamou os gregos que estavam em sua corte e perguntou-lhes o que aceitariam para comer os cadáveres de seus pais. Eles responderam que não o fariam nem por todo o dinheiro do mundo. Mais tarde, na presença dos gregos, e por meio de um intérprete, Dario perguntou a alguns indianos, da tribo chamada Callatiae, que comem os cadáveres dos pais, o que aceitariam para queimar-lhes os corpos [como era costume dos gregos]. Eles deram um grito de horror e o proibiram de mencionar algo tão terrível."

Quem tinha razão, os gregos ou os callatians? Podemos empalidecer diante da ideia de comer nossos pais, mas não mais que os callatians empalideceriam com a ideia de queimar os próprios pais. No fim, concordaríamos com Heródoto, o filósofo grego que registrou essa história, quando ele citou com aprovação o poeta Píndaro: "O costume é soberano". Não se trata de um lado estar certo e o outro, errado; não existe "resposta certa". Cada grupo tem seu próprio código de costumes e tradições; cada um se comporta corretamente de acordo com o seu próprio código, e é a esse código que cada grupo apela ao defender suas respectivas formas de funeral.

Nesse caso, o que é moralmente certo não parece ser absoluto, de um jeito ou de outro – é relativo à cultura e às tradições dos grupos sociais envolvidos. Existem, é claro, inúmeros outros exemplos dessa diversidade cultural, tanto geográfica quanto histórica.

É com base em casos como esses que o relativista argumenta que não existem verdades absolutas ou universais: todas as avaliações e considerações deveriam ser feitas apenas em relação às normas sociais dos grupos envolvidos.

linha do tempo

c.440 a.C.
A carne de um homem...

Vive la différence A proposta do relativista é, com efeito, que tratemos julgamentos morais como se fossem estéticos. Em matéria de gosto, não costuma ser apropriado falar em erro: *de gustibus non disputandum* – "sobre gostos não se discute". Se você diz que gosta de tomate e eu não gosto, concordamos em discordar; algo é verdadeiro para você, mas não é para mim. Em tais casos, a verdade segue a sinceridade: se digo com sinceridade que gosto de algo, não posso estar errado – isso é verdade (para mim). Seguindo essa analogia, se nós (como sociedade) aprovamos a pena de morte, ela é moralmente certa (para nós), e não é algo sobre o qual possamos estar equivocados. E assim como não tentaríamos persuadir as pessoas a pararem de gostar de tomates nem as criticaríamos por isso, no caso moral a persuasão ou a crítica seriam inapropriadas. Na verdade, é claro, nossa vida moral está cheia de argumento e censura, e costumamos ter opiniões fortes sobre assuntos como a pena de morte. Podemos até discutir o assunto com *nós mesmos* ao longo dos anos; posso mudar de ideia sobre uma questão moral, e podemos coletivamente mudar de opinião sobre, por exemplo, uma questão como a escravidão. O relativista absoluto diria que uma coisa é certa para alguns e não para outros, ou certa para mim (ou nós) num momento, mas não em outro. E, no caso da escravidão, da circuncisão feminina, do infanticídio legal etc., o relativista ficaria numa posição bastante desconfortável.

Essa falha do relativismo em levar a sério aspectos que são tão obviamente característicos da nossa vida moral verdadeira costuma ser vista como um golpe fatal contra essa tese, mas os relativistas tentam transformá-la numa vantagem. Talvez, argumentam eles, não devêssemos julgar ou criticar os outros. A lição dos gregos e callatians é que precisamos ser mais tolerantes com os outros, mais abertos, mais sensíveis a outros costumes e práticas. Essa linha de argumentação levou muitos a associarem relativismo a tolerância e abertura de espírito, e, por contraste, os não relativistas são retratados como intolerantes e impacientes em relação a práticas diferentes das suas.

Levada ao extremo, essa diferença leva à imagem de um Ocidente de cultura imperialista que arrogantemente impõe seus pontos de vista a outros ignorantes. Mas isso é uma caricatura: na verdade, não existe incompatibilidade entre ter uma visão geralmente tolerante das coi-

> **"O que é moralidade num dado tempo ou lugar? É aquilo de que a maioria naquele tempo e lugar gosta, e imoralidade é aquilo de que não gosta."**
>
> Alfred North Whitehead, 1941

sas e ainda assim admitir que em alguns assuntos outros povos ou culturas cometem erros. De fato, algo que frustra o relativista é que só o não relativista pode ter tolerância e sensibilidade cultural como virtudes universais (veja box a seguir)!

Colocando o conhecimento em perspectiva
O absurdo do relativismo absoluto e os perigos de sua adoção indiscriminada como mantra político (veja boxes) significam que insights oferecidos por uma forma mais branda de relativismo às vezes passam despercebidos. A mais importante lição do relativismo é que o conhecimento em si é perspectivo: nossa visão de mundo parte sempre de certa perspectiva ou de um ponto de vista; não existe uma plataforma de observação externa da qual possamos enxergar o mundo "como realmente é".

Esse ponto costuma ser explicado em termos de quadros conceituais, ou, mais simplesmente: só podemos ter uma compreensão intelectual da realidade de dentro do nosso próprio quadro conceitual, determi-

Às voltas com o relativismo

O relativismo forte ou radical – a ideia de que todas as afirmações (morais e tudo o mais) são relativas – logo se enrosca em um monte de laçadas. A afirmação de que todas as afirmações são relativas é em si relativa? Bem, precisa ser, para evitar a autocontradição; mas, se for, significa que minha afirmação de que todas as afirmações são absolutas é verdadeira *para mim*. Esse tipo de incoerência rapidamente contamina tudo o mais. Os relativistas não podem dizer que é sempre errado criticar os hábitos culturais de outras sociedades, pois isso pode ser algo certo para *eu* fazer. E eles não podem manter que é sempre certo ser tolerante e ter espírito aberto, pois pode ser correto para algum autocrata esmagar todos os sinais de dissidência. No geral, relativistas não podem, com coerência e sem hipocrisia, afirmar a validade de sua própria posição. A natureza de autocontestação do relativismo absoluto foi detectada em seu início por Platão, que prontamente apontou as inconsistências na posição relativista adotada pelo sofista Protágoras (no diálogo de mesmo nome). A lição tirada disso tudo é que a discussão racional depende do compartilhamento de *algum* ponto em comum; temos de concordar em *algo*, ter alguma verdade em comum, para nos comunicarmos de modo significativo. Mas é justamente esse ponto em comum que o relativismo radical nega.

> ## Vale tudo?
>
> "Hoje em dia, um obstáculo particularmente insidioso à tarefa de educar é a presença maciça, em nossa sociedade e cultura, de um relativismo que, sem reconhecer nada como definitivo, estabelece como critério principal o eu e seus desejos. E sob uma aparência de liberdade isso se torna uma prisão para cada indivíduo, pois separa as pessoas umas das outras, aprisionando cada pessoa no seu próprio 'ego'."
> Papa Bento XVI, junho de 2005
>
> Ao longo das últimas décadas, a ideia de relativismo adquiriu um significado político e social que estende seu significado original além de qualquer ponto de ruptura. Da ideia de que não existem verdades absolutas – "tudo é relativo" – foi deduzido que tudo é igualmente válido, portanto, "vale tudo". Pelo menos, o fato de que tal dedução exista é algo no qual acreditam forças reacionárias, incluindo partes da Igreja Católica, que ligam licenciosidade moral (especialmente sexual) e desintegração social a forças relativistas à solta no mundo. Por outro lado, alguns libertários esquivam-se alegremente de analisar a lógica de perto e transformaram a frase "vale tudo" em seu mantra político. Ou seja, lados opostos tomaram posição: alegria de um lado, horror do outro, com o relativismo encolhido no meio.

nado por uma combinação complexa de fatores que incluem nossa cultura e história. Mas o fato de não podermos sair de nosso esquema conceitual particular e ter uma visão objetiva das coisas – uma "visão ampla" – não significa que sejamos incapazes de conhecer as coisas. Uma perspectiva tem de ser uma perspectiva sobre *algo*, e ao compartilhar e comparar nossas diferentes perspectivas podemos ter esperança de expor várias crenças à luz e alcançar uma visão mais completa e "estereoscópica" do mundo. Essa imagem benigna sugere que o progresso rumo ao entendimento será feito por meio de colaboração, comunicação e intercâmbio de pontos de vista: um legado bastante positivo de relativismo.

A ideia resumida: tudo é relativo?

14 A teoria do comando divino

Questões de certo e errado, bom e ruim, virtude e vício são o tipo de coisa que nos fazem perder o sono: aborto, eutanásia, direitos humanos, como tratar os animais, pesquisas com células-tronco... A lista de assuntos perigosos e espinhosos é infindável. Mais do que qualquer outra área, a ética parece um campo minado – terreno traiçoeiro no qual você espera tropeçar a qualquer momento; contudo, um tropeção pode custar um preço muito alto.

Paradoxalmente, no entanto, para muitas pessoas a moralização é, à primeira vista, um passeio no parque. Na mente de milhões de pessoas, a moralidade está ligada de modo intrínseco à religião: isso ou aquilo é errado pela simples razão de que Deus (ou um deus) determinou isso; bom é bom e ruim é ruim porque Deus disse que é assim.

Em cada uma das três "religiões do Livro" – judaísmo, cristianismo e islamismo –, o sistema de moralidade é baseado no "comando divino": Deus ordena, os humanos obedecem; Deus impõe a seus adoradores um conjunto de determinações morais; o comportamento virtuoso exige obediência, ao passo que a desobediência é pecado. Certamente tal código de regras éticas, subscrito pela própria mão de Deus, deveria banir as preocupações que afligem as considerações subjetivistas de moralidade – a desagradável suspeita de que vamos criando as regras conforme seguimos em frente, não é mesmo?

O dilema de Eutífron Sem Deus, é claro, a teoria do comando divino naufraga de imediato (veja box na página 62), mas mesmo considerando-se que Deus existe, vários outros problemas sérios ameaçam a teoria. Talvez o mais grave seja o chamado dilema de Eutífron,

linha do tempo

c.375 a.C.
A teoria do comando divino

1670 d.C.
Fé e razão

> **"Nenhuma moralidade pode ser fundada na autoridade, mesmo que a autoridade seja divina."**
>
> A. J. Ayer, 1968

abordado pela primeira vez por Platão cerca de 2400 anos atrás, no diálogo *Eutífron*.

Sócrates (porta-voz de Platão em seus diálogos) começa a conversar com um jovem de nome Eutífron sobre a natureza da piedade. Eles concordam que a piedade é "amada pelos deuses", mas então Sócrates faz a pergunta crucial: os piedosos são piedosos porque são amados pelos deuses, ou são amados pelos deuses porque são piedosos? É pelos

Entendendo os comandos de Deus

Deixando de lado o dilema de Eutífron, outra dificuldade séria enfrentada por quem baseia a moralidade no comando divino é que os vários textos religiosos que são o principal meio pelo qual Deus transmitiu sua vontade aos homens contêm muitas mensagens contraditórias e/ou pouco palatáveis. Vamos usar um famoso exemplo tirado da Bíblia, o livro Levítico (20:13), que diz: "Se um homem se deitar com outro homem como quem se deita com uma mulher, ambos praticaram uma abominação; terão que ser executados, pois merecem a morte". Se a Bíblia é a palavra de Deus e a palavra de Deus determina o que é moral, a execução de homens homossexuais sexualmente ativos é sancionada pela moral. Mas a maioria das pessoas, hoje, veria tal atitude como moralmente abominável e, além disso, incoerente com outras injunções contidas na Bíblia (em primeiro lugar, o mandamento que diz "não matarás"). É óbvio que é um desafio para o teórico do comando divino usar as opiniões conhecidas de Deus para construir um sistema moral aceitável e internamente coerente.

1739
A teoria abaixo/viva
A guilhotina de Hume

1958
Além do mero dever

> ### Perdido em ação?
>
> O maior perigo enfrentado pela teoria do comando divino é o de perder o seu comandante divino: podemos não estar persuadidos por completo dos vários argumentos apresentados para provar a existência de Deus e podemos não ter o benefício da fé (veja a página 172). Sem se deixar intimidar, alguns defensores da teoria transformaram engenhosamente tal perigo em vantagem, usando uma *prova* da existência de Deus:
>
> 1. Existe algo considerado moralidade – temos um código de leis/comandos éticos.
> 2. Deus é o único candidato ao papel de criador de leis/comandante. Logo –
> 3. Deus deve existir.
>
> É pouco provável, porém, que essa linha de raciocínio convença algum adversário. A primeira premissa, que implica que a moralidade é na essência algo que existe independentemente dos humanos, por si só já desperta questionamentos. E, mesmo admitindo que a moralidade existe independentemente de nós, a segunda premissa pode ser atacada pelo dilema de Eutífron.

"chifres" desse dilema (geralmente expresso em termos monoteístas) que a teoria do comando divino é capturada.

Sendo assim, o que é bom é bom por causa dos comandos de Deus, ou Deus comanda algo porque é bom? Nenhuma das alternativas é palatável ao teórico do comando divino. Analisando a primeira parte antes de mais nada: matar (digamos) é errado porque Deus diz que é, mas as coisas poderiam ser de outro modo. Deus poderia ter dito que matar é certo, ou mesmo obrigatório, e isso seria certo – porque Deus o afirmou.

Nesse sentido, a observância religiosa é pouco mais que uma obediência cega a uma autoridade arbitrária. Por acaso, a outra opção é melhor? Na verdade, não. Se Deus ordena o que é bom porque é bom, então a bondade é independente de Deus. No máximo, Deus desempenha o papel de mensageiro moral, transmitindo prescrições éticas sem ser a origem delas. Poderíamos então ir direto à fonte e alegremente matar o mensageiro. Pelo menos no papel de legislador moral, Deus é redundante. Então, quando se trata de moralidade, ou Deus é arbitrário ou Deus é irrelevante. Não é uma escolha fácil para os que buscam fazer de Deus o avalista ou sancionador de sua ética.

> **"Os deuses amam o piedoso que é piedoso, ou ele é piedoso porque o amam?"**
>
> Platão, c.375 a.C.

Um contra-ataque comum ao dilema de Eutífron é insistir que "Deus é bom", portanto, não ordenaria nada de ruim. Mas essa linha de ataque arrisca-se à circularidade ou à incoerência. Se "bom" significa "comandado por Deus", "Deus é bom" não faria sentido – soaria como "Deus é tal que obedece a seus próprios comandos".

Mais promissor, talvez, é fazer com que a frase signifique "Deus é (idêntico a) bom (bondade)", portanto, seus comandos serão inevitavelmente bons. Mas, se Deus e bondade são um só, "Deus é bom" torna-se inexpressivo: nenhuma luz foi lançada e andamos em círculos – um exemplo, talvez, da predileção de Deus por andar em caminhos misteriosos.

A ideia condensada: porque Deus mandou

15 A teoria abaixo/viva

"E Moisés esteve com o Senhor quarenta dias e quarenta noites; ele não comeu pão, nem bebeu água. E escreveu nas tábuas as palavras da aliança, os dez mandamentos:

— Viva, não existirão outros deuses além de mim!

— Abaixo os que adorarem imagens.

[*cinco abaixos e dois vivas vêm a seguir; depois...*]

— Abaixo os que cobiçarem a mulher do próximo, ou os escravos, ou as escravas, ou seus bois, seus asnos ou qualquer coisa que seja do próximo."

Assim ordenou o Senhor, de acordo com o emotivismo, ou a teoria ética do abaixo/viva. Colocado dessa maneira, o emotivismo pode não parecer uma tentativa muito séria de representar a força das asserções éticas – essa sensação é, sem dúvida, reforçada pelo "apelido" jocoso. Mas, na verdade, o emotivismo é uma teoria bastante influente com uma história distinta, e é motivada por preocupações legítimas com o que pode parecer uma compreensão pautada pelo senso comum de nossa vida moral.

A mudança para o subjetivismo   Existem diferentes tipos de fatos no mundo que são objetivamente verdadeiros – fatos cuja verdade não depende de nós. Alguns são científicos, descrevem eventos físicos, processos e relações; outros, morais, descrevem coisas no mundo que são certas e erradas, boas e más. Tal imagem pode apelar ao senso comum, talvez, mas provou ser pouco atraente para muitos filósofos.

Pegue um fato considerado moral: matar é errado. Podemos descrever uma ação de assassinato em detalhes, mencionando todos os tipos de fatos físicos e psicológicos para explicar como e por que foi cometido.

linha do tempo

c.375 a.C.
A teoria do comando divino

c.30 d.C.
A regra áurea

Razão, escrava das paixões

A inspiração principal para as formas modernas de subjetivismo moral é o filósofo escocês David Hume. Seu famoso apelo por uma abordagem subjetivista da moralidade aparece em seu *Tratado da natureza humana*:

"Tome qualquer ação considerada viciosa: homicídio doloso, por exemplo. Examine-a sob todas as luzes e veja se consegue encontrar aquela questão de fato, ou existência real, que você chama de vício. Não importa como você a observa, você encontra apenas certas paixões, certos motivos, desejos e pensamentos. Não há outra questão de fato no caso. O vício lhe escapa inteiramente, enquanto você considerar o objeto. Você nunca conseguirá encontrá-lo, até que volte a sua reflexão para o próprio peito e encontre um sentimento de desaprovação, que surge em você, referente a essa ação. Essa é uma questão de fato; mas é objeto do sentimento, não da razão. Ele reside em você mesmo, não no objeto."

Segundo o próprio relato de Hume da ação moral, todos os humanos são naturalmente movidos por um "senso moral" ou "empatia", que é essencial à capacidade de partilhar sentimentos de felicidade ou compaixão pelos outros; é esse sentimento, mais que a razão, que fornece o motivo para nossas ações morais. A razão é essencial para o entendimento das consequências de nossas ações e para o planejamento racional de como alcançar nossas metas morais, mas é em si inerte e incapaz de proporcionar qualquer ímpeto à ação; como diz a famosa frase de Hume, "a razão é, e deveria ser, apenas a escrava das paixões".

Mas que outra propriedade ou qualidade adicionamos ao quadro quando acrescentamos a noção de errado ao assassinato? Basicamente estamos dizendo que matar é algo que não deveríamos fazer – que, entre todas as outras coisas que poderíamos dizer sobre matar, também existe uma propriedade intrínseca de "não-deve-ser-feito".

Chocados pela estranheza de encontrar tal propriedade no mundo (o mundo supostamente livre de valores descrito pela ciência; veja a página 132), muitos filósofos propõem substituir a noção de proprieda-

> **"Nada é bom ou ruim, mas o pensamento faz com que seja."**
> **William Shakespeare,** *c.*1600

1739
A teoria abaixo/viva
A guilhotina de Hume
Ciência e pseudociência

1974
Como é ser um morcego?

Prescritivismo

A crítica mais comum ao emotivismo é que ele é incapaz de apreender a lógica do discurso ético – os padrões característicos de raciocínio e argumento racional que a permeiam. O sucesso nessa apreensão é considerado uma das principais recomendações da teoria rival do subjetivismo conhecida como prescritivismo, associada ao filósofo inglês R. M. Hare. Tomando como ponto de partida o *insight* de que termos morais têm um elemento normativo – eles nos dizem o que fazer ou como nos comportar –, o prescritivismo propõe que a essência dos termos morais é serem controladores de ações; dizer que matar é errado equivale a dar e aceitar um comando – "Não mate!" Segundo Hare, a característica dos julgamentos morais que os distingue de outros tipos de comando é que eles são "universalizáveis": se lanço uma injunção moral, daí em diante fico comprometido a garantir que a injunção será obedecida por todo mundo (eu, inclusive) em circunstâncias relevantemente similares (isto é, devo seguir a regra áurea; veja a página 80). O prescritivismo propõe que a discordância moral é análoga a dar comandos conflitantes; inconsistência e indecisão são explicadas pela existência de várias injunções, sendo que muitas delas não podem ser obedecidas ao mesmo tempo. Desse modo, o prescritivismo aparentemente permite mais espaço para a discordância e o debate que o emotivismo, embora alguns ainda questionem se isso realmente espelha a total complexidade do diálogo moral.

---

des morais objetivas existentes no mundo por algum tipo de resposta subjetiva às coisas do mundo.

Da descrição à expressão De acordo com uma ingênua visão subjetivista, asserções morais são apenas descrições ou relatos de nossos sentimentos sobre o modo como as coisas são e estão no mundo. Portanto, quando digo "matar é errado", estou apenas declarando que eu (ou talvez minha comunidade) desaprovo tal ação. Mas isso é simples demais. Se eu digo "matar é certo" e isso é uma descrição fiel dos meus sentimentos, então isso também será verdadeiro. A discordância moral é aparentemente impossível. Algo mais sofisticado torna-se necessário.

O emotivismo (ou expressivismo) – a teoria abaixo/viva – é uma forma mais sutil de subjetivismo que sugere que julgamentos morais não são descrições ou declarações de nossos sentimentos sobre o mundo, mas expressões desses sentimentos. Assim, quando fazemos um julgamento moral, expressamos uma resposta emocional – nossa aprovação (viva!) ou desaprovação (abaixo!) de algo no mundo. "Matar é errado" é uma expressão da nossa desaprovação ("abaixo o assassinato!"); "é bom dizer a verdade" é uma expressão da nossa aprovação ("viva para quem diz a verdade!").

O grande problema para os emotivistas é de algum jeito conseguir alinhar sua teoria com o modo como pensamos realmente sobre o discurso moral e como o conduzimos. Esse discurso pressupõe um mundo externo de valores objetivos: deliberamos e argumentamos sobre questões morais; apelamos a fatos morais (e outros) para podermos resolvê-las; fazemos afirmações éticas que podem ser verdadeiras ou falsas; e existem verdades morais que podemos vir a conhecer. Mas, de acordo com o emotivista, não há nada ético para conhecer – não estamos fazendo afirmação alguma, apenas expressando nossos sentimentos, e tais expressões não podem, é claro, ser verdadeiras ou falsas. O emotivista pode admitir que é possível existir deliberação e discordância sobre nossas crenças originais e o contexto de nossas ações, mas é difícil transformar isso em algo como nosso conceito normal de debate moral. As conexões lógicas entre as asserções morais em si parecem estar faltando, e o raciocínio moral é aparentemente pouco mais que um exercício de retórica – a moralidade como propaganda, como já foi dito causticamente.

> **"Não vejo como refutar os argumentos da subjetividade de valores éticos, mas vejo-me incapaz de acreditar que tudo o que há de errado com a crueldade gratuita é que não gosto dela."**
> Bertrand Russell, 1960

A resposta mais sólida a isso é segurar o touro pelos chifres: sim, pode dizer o emotivista, a teoria não se encaixa nas nossas suposições costumeiras, mas isso ocorre porque as suposições é que estão erradas, não a teoria. Segundo essa chamada "teoria do erro", nosso discurso ético normal simplesmente está errado, porque se baseia em fatos morais objetivos que na verdade não existem. Já tentaram muitas vezes aproximar o quadro emotivista de um discurso ético que soa realista, mas para muitos o abismo ainda é muito grande, e outras abordagens foram propostas. Talvez a mais importante dessas alternativas seja o prescritivismo (veja box).

A ideia condensada: expressando julgamentos morais

16 Fins e meios

"O sr. Quelch não sabia se tubarões tinham lábios e, se tinham, se podiam lambê-los; mas sabia que, se tivessem e pudessem, era exatamente isso que estavam fazendo agora. O balão caía cada vez mais rápido na direção do mar, e ele podia ver claramente, descrevendo círculos na água, as muitas barbatanas dos tubarões reunidos para jantar...

...O sr. Quelch sabia que nos próximos dois minutos ele e os melhores alunos de Greyfriars virariam isca de tubarão – a menos que se livrassem de mais lastro. Mas tudo já havia sido jogado fora do cesto – tudo que restava eram os seis meninos e eles. Era óbvio que só Bunter tinha peso suficiente para salvar o dia. Uma situação difícil para o Corujão Gordo, mas não havia outra saída...

— Ah, caramba... oh, não, rapazes... vejam bem, se encostarem um dedo em mim eu... Oooooooh!"

Trecho de história escrita por Charles Hamilton, com o pseudônimo de Frank Richards. Greyfriars School é uma escola fictícia britânica que serve de cenário para diversas histórias publicadas em jornais e livros e transformada em série de TV.

Vamos supor que a avaliação que o sr. Quelch fez da situação esteja cem por cento certa. Só existem mesmo duas opções: os seis meninos (incluindo Bunter) e o próprio Quelch caem no mar e são devorados pelos tubarões; ou apenas Bunter é jogado no mar e comido. Deixando de lado o desprazer de ser jogado para fora do balão, para Bunter tanto faz o que aconteça, porque ele vai morrer de qualquer jeito; mas se Bunter for jogado para fora, Quelch pode se salvar e salvar os outros cinco meninos.

> Um avião comercial com 120 passageiros cai descontrolado rumo a uma área densamente habitada. Não há tempo para evacuar a área e o impacto do avião com certeza matará milhares de pessoas. A única saída possível é explodir o avião no ar. Você faria isso?

linha do tempo

c.1260	1739	1781
Atos e omissões Guerra justa	A guilhotina de Hume	O imperativo categórico

Ele está certo em sacrificar Bunter? O fim (salvar várias vidas inocentes) justifica o meio (tirar uma vida inocente)?

Uma divisão ética Tais decisões envolvendo vida e morte não são apenas parte do mundo da fantasia, é claro. Na vida real, às vezes as pessoas se encontram em situações nas quais é necessário deixar que alguns poucos indivíduos inocentes morram ou, em casos extremos, é preciso matá-los, para que algumas, ou muitas outras vidas inocentes, sejam salvas. Há casos que testam os limites da nossa intuição, arrastando-nos de um lado para outro – muitas vezes, nas duas direções ao mesmo tempo.

> **"O fim pode justificar os meios enquanto houver algo que justifique o fim."**
> Leon Trotski, 1936

Essa incerteza fundamental está espelhada em diversas abordagens diferentes que os filósofos fizeram para explicar tais dilemas. As várias teorias propostas estão, com frequência, de um lado ou de outro de uma importante linha divisória na ética – a linha que separa as teorias baseadas no dever (deontológicas) e as baseadas nas consequências (consequencialistas).

Consequencialismo e deontologia Um jeito de salientar as diferenças entre o consequencialismo e a deontologia é em termos de fins e meios. Um consequencialista propõe que a questão de uma ação ser certa ou errada deveria ser determinada puramente com base em suas consequências; uma ação é vista meramente como um meio para um fim desejável, e o fato de ser certa ou errada é uma medida de sua eficiência em alcançar tal fim. O fim em si é uma situação, ou estado de coisas (tal como um estado de felicidade), que resulta ou é consequência de várias ações que contribuem para ele.

Ao escolher entre os vários cursos de ação disponíveis, os consequencialistas vão se limitar às consequências boas e ruins de cada caso e tomar decisões com base nisso. No caso de

> Gêmeos siameses morrerão em poucos meses se não forem separados por uma cirurgia. A operação oferece a um dos gêmeos a oportunidade de levar uma vida razoavelmente saudável e satisfatória, mas resultará na morte do outro gêmeo. Você realiza a cirurgia? (Segue em frente, mesmo sem o consentimento dos pais dos gêmeos?)

1785
Fins e meios

1954
Ladeiras escorregadias

1974
A máquina de experiências

Bunter, por exemplo, provavelmente eles julgariam que o saldo de vidas inocentes salvas serviria como justificação para sacrificar uma vida.

Em contrapartida, num sistema deontológico, as ações não são vistas apenas como um meio para chegar a um fim, mas como certas ou erradas em si. Considera-se que as ações têm um valor intrínseco por si só, não apenas um valor instrumental na contribuição para um fim desejável. Por exemplo, o deontólogo pode afirmar que matar pessoas inocentes é intrinsecamente errado: jogar Bunter para fora do balão é errado em si e não pode ser justificado por quaisquer boas consequências derivadas dessa ação.

O caso de Billy Bunter pode parecer fantasioso, mas dilemas terríveis desse tipo às vezes surgem na vida real. Todos os casos neste capítulo, no que se refere ao tipo de questão ética que despertam, são similares a eventos que ocorreram de verdade e que com certeza ocorrerão de novo.

A teoria consequencialista mais conhecida é o utilitarismo (veja a página 73); o sistema deontológico mais influente é o desenvolvido por Kant (veja a página 76).

O fim justifica os meios

Num sentido trivial, um meio só pode ser justificado por um fim, pois o meio é por definição um modo de alcançar o fim; ou seja, um meio é justificado (isto é, validado como um meio) pelo próprio fato de alcançar o fim pretendido. Problemas podem surgir – e a frase pode ser considerada sinistra – quando um fim inapropriado é escolhido e a escolha é feita à luz de uma ideologia ou de um dogma. Por exemplo, se um ideólogo político ou um fanático religioso estabelecerem um determinado fim como mais importante que qualquer outro, faltará pouco para que seus seguidores concluam que é moralmente aceitável utilizar qualquer meio para alcançar o fim proposto.

O paciente A está muito doente e morrerá em uma semana. Seu coração e seus rins são compatíveis com os pacientes B e C, que morrerão antes dele se não fizerem os transplantes, mas que têm boa chance de recuperação se o fizerem. Não há outros doadores disponíveis. Você mata o paciente A (com a permissão dele, sem a permissão dele?) para salvar os pacientes B e C?

Um oficial da Gestapo reúne dez crianças e ameaça matá-las, se você não revelar a identidade e a localização de um espião. Você nem sabia que havia um espião, que dirá a identidade dele, mas tem certeza de que o oficial não acreditará em você e irá cumprir a ameaça. Você dá o nome de uma pessoa – qualquer pessoa – para salvar as crianças? (Como você escolhe a pessoa cujo nome vai dar?)

Você, junto com outros passageiros mais a tripulação de um avião, sobrevivem a uma queda entre as montanhas. Não há comida, é impossível caminhar em busca de ajuda e uma equipe de socorro pode demorar semanas para chegar; até lá, vocês estarão todos mortos de fome. A carne de um passageiro pode sustentar os outros até que chegue socorro. Vocês matam e comem um dos seus companheiros? (Como escolhem quem comer?)

A ideia condensada:
a opção menos pior

17 A máquina de experiências

Suponha que exista uma máquina de experiências capaz de realizar qualquer experiência que você desejasse. Superneuropsicólogos poderiam estimular o seu cérebro para que você pensasse e sentisse que estava escrevendo um grande romance, ou fazendo um amigo, ou lendo um livro interessante. O tempo todo você estaria flutuando num tanque, com eletrodos conectados ao seu cérebro. Você ficaria plugado nessa máquina a vida inteira, programando todos os seus desejos? ...Claro que estando no tanque você não perceberia que está lá; você pensaria que tudo estaria acontecendo de verdade... Você se plugaria nessa máquina? O que é mais importante para nós, além do modo como sentimos a vida em nosso interior?

O criador dessa experiência sobre o pensamento de 1974, o filósofo norte-americano Robert Nozick, acha que as respostas para as perguntas finais acima são, respectivamente, "Não" e "Muita coisa". Na aparência, a máquina de experiências se parece bastante com a cuba de Putnam (veja a página 4). As duas descrevem realidades virtuais nas quais um mundo é simulado de tal modo que se torna completamente indistinguível, pelo menos do lado de dentro, da vida real. Mas, enquanto o interesse de Putnam reside na situação do cérebro dentro da cuba e o que isso nos diz sobre os limites de ceticismo, a preocupação maior de Nozick é com a situação das pessoas antes de serem ligadas à máquina: será que escolheriam passar a vida na máquina e, caso escolhessem isso, o que podemos aprender com a escolha delas?

> **"Entre a dor e nada, prefiro a dor."**
> William Faulkner, 1939

linha do tempo

c.1260	1739
Atos e omissões	A guilhotina de Hume

A escolha é entre uma vida simulada de puro prazer na qual cada ambição e cada desejo são realizados e uma vida real marcada por expectativas frustradas e desapontamentos, a mistura usual de sucessos parciais e sonhos incompletos. Apesar da óbvia atração da vida ligada à máquina de experiências, Nozick pensa que a maioria das pessoas escolheria *não* ficar plugada nela. A *realidade* da vida é importante: queremos fazer certas coisas, não apenas experimentar o prazer de fazê-las. No entanto, se o prazer fosse a única coisa que afetasse o nosso bem-estar, se fosse o único componente da boa vida, certamente faríamos outra escolha, uma vez que mais prazer seria alcançado se estivéssemos plugados na máquina de experiências. Com base nesse fato, Nozick conclui que existem outras coisas além do prazer que consideramos intrinsecamente valiosas.

> **"A natureza colocou a humanidade sob o domínio de dois senhores soberanos, a dor e o prazer. Só a eles cabe indicar o que devemos fazer."**
>
> Jeremy Bentham, 1785

O utilitarismo clássico Essa conclusão é prejudicial a qualquer teoria ética hedonista (baseada no prazer), em particular ao utilitarismo, pelo menos na formulação clássica feita por seu criador, Jeremy Bentham, no século XVIII. O utilitarismo afirma que as ações devem ser julgadas certas ou erradas na medida em que aumentam ou diminuem o bem-estar humano, sua "utilidade". Várias interpretações de utilidade foram propostas desde os tempos de Bentham, mas, para o filósofo, ela consistia em prazer ou felicidade humanos, e sua teoria da ação certa às vezes é resumida como a promoção de "mais felicidade para o maior número de pessoas".

O utilitarismo não receia conclusões morais que contrariam nossas instituições normais (veja a página 68). Na verdade, uma de suas principais recomendações, segundo Bentham, seria prover uma base racional e científica para tomadas de decisão morais e sociais, em contraste com as instituições caóticas e incoerentes nos quais se baseavam os chamados direitos naturais e a lei natural. Para estabelecer tal base racional, Bentham propôs um "*felicific calculus*", de acordo com o qual diferentes quantidades de prazer e dor produzidas por diferentes ações poderiam ser medidas e comparadas; a ação certa numa

1785	1974	1981
Fins e meios	A máquina de experiências	O cérebro numa cuba

Variedades de utilitarismo

O utilitarismo é, historicamente, uma versão significativa do consequencialismo, que diz que as ações devem ser julgadas certas ou erradas segundo suas consequências (veja a página 69). No caso do utilitarismo, o valor das ações é determinado por sua contribuição ao bem-estar, ou "utilidade". No utilitarismo clássico (hedonista) de Bentham e Mills, a utilidade é entendida como prazer humano, mas desde então essa ideia foi modificada e ampliada de vários modos. Essas abordagens diferentes reconhecem tipicamente que a felicidade humana depende não só do prazer, mas também da satisfação de um amplo leque de desejos e preferências. Alguns teóricos sugeriram estender o alcance do utilitarismo além do bem-estar humano para outras formas de vida sensível.

Também existem pontos de vista diferentes sobre como o utilitarismo pode ser aplicado às ações. Segundo o **utilitarismo direto** ou **utilitarismo de ato**, cada ação é avaliada diretamente em termos de sua contribuição à utilidade. Em contrapartida, de acordo com o **utilitarismo de regra**, um curso de ação apropriado é determinado tendo como referência vários conjuntos de regras que irão, se seguidas por todos, promover a utilidade. Por exemplo, matar uma pessoa inocente, em certas circunstâncias, resulta na salvação de muitas outras vidas, portanto, aumenta a utilidade geral; então, para o utilitarismo de ato, esse seria um curso de ação correto.
No entanto, como *regra*, matar uma pessoa inocente diminui a utilidade, então o utilitarismo de regra poderia dizer que essa mesma ação foi errada, mesmo que possa ter tido consequências benéficas numa ocasião específica.
O utilitarismo de regra pode assim estar mais de acordo com as nossas intuições comuns sobre questões morais, embora isso não o tenha recomendado aos mais recentes pensadores utilitaristas, que por diversas razões o julgam incoerente ou sujeito a objeções.

dada ocasião poderia então ser determinada por um simples processo de adição e subtração.

Assim, para Bentham, prazeres diferentes diferem apenas no que diz respeito à sua duração e intensidade, não à sua qualidade; uma concepção bastante monolítica de prazer que parece vulnerável às implicações da máquina de experiências de Nozick. Dada sua natureza descompromissada, podemos supor que Bentham teria pisoteado de bom grado a intuição extraída da experiência de pensamento de Nozick. No entanto, J. S. Mill, outro dos fundadores do utilitarismo, estava mais preocupado em aparar algumas das arestas da teoria.

Prazeres maiores e menores Críticos contemporâneos foram rápidos em apontar como era limitada a concepção de moralidade oferecida por Bentham. Ao supor que a vida não tinha objetivo maior que o prazer, ele parecia ter deixado de fora muitas outras coisas que costumamos considerar inerentemente valiosas, como conhecimento, honra e realização; ele havia proposto (como registrou Mill) "uma doutrina digna de porcos". O próprio Bentham, de modo esplendidamente igualitário, confrontou a acusação de cabeça erguida: "Preconceitos à parte", declarou ele, "o jogo *pushpin* tem o mesmo valor que as arte e as ciências da música e da poesia". Em outras palavras, se um prazer maior for alcançado por meio de um jogo popular, o jogo tem, sim, mais valor que os mais refinados produtos do intelecto.

> "Ações são corretas na na medida em que tendem a promover a felicidade, erradas quando tendem a produzir o oposto da felicidade."
> J. S. Mill, 1859

Mill sentiu-se incomodado com a conclusão sem rodeios de Bentham e procurou modificar o utilitarismo para evitar ataques dos críticos. Além das duas variáveis usadas por Bentham para medir o prazer – duração e intensidade –, Mill escolheu uma terceira – qualidade –, apresentando assim uma hierarquia de prazeres maiores e menores. De acordo com essa distinção, alguns prazeres, tais como os do intelecto e da arte, têm mais valor que os prazeres físicos e, ao dar-lhes mais peso no cálculo do prazer, Mill pôde concluir que "a vida de Sócrates insatisfeito é melhor que a vida de um tolo satisfeito". Essa alteração, porém, teve um custo. A princípio, algo que aparentemente era atraente no esquema de Bentham – a simplicidade – foi diminuído, embora, de qualquer modo, a operação do *"felicific calculus"* apresente dificuldades. Mais que isso, a noção de diferentes tipos de prazer apresentada por Mill parece exigir outros critérios além do prazer para diferenciá-los. Se algo além do prazer constitui o que Mill considera utilidade, isso o ajuda a enfrentar a questão levantada por Nozick, mas por outro lado nos faz questionar se a teoria dele continua sendo utilitária.

A ideia condensada: a felicidade basta?

18 O imperativo categórico

Você sabe que Christina quer matar a sua amiga Mariah, que você deixou sentada lá no bar. Christina se aproxima e pergunta se você sabe onde Mariah está. Se você lhe disser a verdade, Christina vai encontrar Mariah e matá-la. Se você mentir e disser que viu Mariah ir embora há cinco minutos, Christina perderá a pista dela e Mariah conseguirá escapar. O que você deveria fazer? Falar a verdade ou mentir?

Parece maluquice fazer uma pergunta dessas. A consequência de dizer a verdade é terrível. Claro que você deveria mentir – uma mentira branca, você irá pensar, por uma boa causa. Mas, segundo a visão de Immanuel Kant – um dos mais influentes e, diriam alguns, o maior filósofo dos últimos 300 anos –, essa é a resposta errada. Não mentir é, de acordo com Kant, um princípio fundamental da moralidade, um "imperativo categórico": algo que alguém é obrigado a fazer, incondicionalmente e sem preocupação com as consequências. Essa insistência implacável em agir segundo o dever, junto com a noção de imperativo categórico que a permeia, é a pedra fundamental da ética kantiana.

Imperativos hipotéticos e categóricos Para explicar o que é um imperativo categórico, primeiro Kant nos diz o que ele não é, comparando-o a um imperativo *hipotético*.

Suponha que eu lhe diga o que fazer, dando uma ordem (um imperativo): "Pare de fumar!". Implicitamente há uma série de condições que posso acrescentar à ordem – "senão arruinará a sua saúde", por exemplo, ou "senão irá desperdiçar dinheiro". É claro que, se você não se preocupa com a sua saúde ou com dinheiro, a ordem não o afeta e você não me obedece. Em contrapartida, no caso de um impe-

linha do tempo

c.30 d.C.
A regra áurea

1739
A guilhotina de Hume

> ### Danem-se as consequências
>
> A ética de Kant, um sistema de moralidade paradigmático deontológico, ou baseado no dever, exerce enorme influência sobre os teoristas éticos subsequentes, que avidamente têm desenvolvido as ideias dele ou reagido contra elas. Uma questão semelhante à de Christina e Mariah foi apresentada a Kant e ele conservou sua visão categórica, insistindo que é dever moral de uma pessoa dizer a verdade em todas as ocasiões, mesmo falando com um assassino. Ao manter seu foco inabalável no dever pelo valor do dever, com total desprezo pelas consequências, previstas ou imprevistas, Kant mapeia um caminho tão oposto quanto possível de conceber aos sistemas de moralidade baseados em consequências.

rativo categórico, não há "se" algum envolvido, implícito ou explícito. "Não minta!" e "Não mate pessoas!" são injunções que não estão sujeitas a exercícios hipotéticos baseados em qualquer objetivo ou desejo que você possa ter e devem ser obedecidas, absoluta e incondicionalmente, por uma questão de dever. Um imperativo categórico desse tipo, ao contrário de um imperativo hipotético, constitui uma lei moral.

De acordo com Kant, sob cada ação existe uma regra subjacente de conduta, ou máxima. Tais máximas podem ter a forma de imperativos categóricos, contudo, sem serem qualificadas como leis morais, pois são reprovadas num teste que é, em si, uma forma de imperativo categórico supremo e abrangente:

> Aja apenas de acordo com uma máxima
> que você possa ao mesmo tempo querer
> que se torne uma lei universal.

Em outras palavras, uma ação é permitida pela moral apenas se estiver de acordo com uma regra que você possa consistente e universalmente aplicar a si mesmo e aos outros (uma variação da regra áurea, na verdade; veja a página 80). Por exemplo, poderíamos propor a

O filósofo contemplativo

Há tempos Kant tem sido retratado de modo zombeteiro como o filósofo arquetípico consumado, fechado em sua torre de marfim meditando profundamente sobre segredos teutônicos profundos. Tal imagem é reforçada pelo fato de Kant ter vivido toda sua longa vida como um solteirão acadêmico em Königsberg, sem jamais, ao que se diz, ter saído de sua cidade natal.

Os tons sombrios dessa imagem são aprofundados pela completa austeridade de sua filosofia e pela dificuldade da linguagem na qual foi apresentada. De fato, Kant às vezes parece ir longe para oferecer munição a seus adversários; um dos mais famosos exemplos refere-se a suas elucubrações sobre o amor sexual, as quais (como apontou o filósofo Simon Blackburn) soam mais como a descrição de um estupro coletivo:

Por si só, é uma degradação da natureza humana, pois assim que uma pessoa torna-se objeto de apetite para outra, todos os motivos para um relacionamento moral deixam de atuar, porque, como objeto de apetite para outra pessoa, torna-se uma coisa e, como tal, pode ser tratada e usada por todo mundo.

Seja como for, mesmo que exista uma base para tal caricatura, o veredito final deve ser que Kant é um dos mais originais e influentes pensadores na história da filosofia, cuja grande e indelével marca é ser igualmente estudado em ética moderna, epistemologia e metafísica.

máxima de que é permitido mentir. Mas mentir só é possível contra um pano de fundo no qual exista (algum nível de) verdade – se todos mentissem o tempo todo, ninguém acreditaria em ninguém – e por essa razão seria autofrustrante e em certo sentido irracional desejar que mentir se tornasse uma lei universal. Do mesmo modo, roubar pressupõe um contexto de posse de propriedade, mas todo o conceito de propriedade ruiria se *todos* roubassem; quebrar promessas pressupõe uma instituição geralmente aceita de cumprir promessas; e assim por diante.

Assim, a exigência da universalidade elimina certos tipos de conduta com base na lógica, mas parece haver muitas outras que poderíamos universalizar, mas não desejaríamos considerar como morais. "Pense sempre nos seus próprios interesses", "Quebre promessas quando possível, mas sem solapar a instituição da promessa" – parece não haver nada de inconsistente ou irracional em desejar que isso fosse transformado em lei universal. Então como Kant afastou esse perigo?

Autonomia e razão pura As exigências do imperativo categórico impõem uma estrutura racional à ética de Kant, mas a tarefa é então passar do enquadramento lógico para o conteúdo moral propriamente dito – para explicar como a "razão pura", sem suporte empírico, pode informar e direcionar a vontade do agente moral. A resposta reside no valor inerente da agência moral em si – valor baseado no "único princípio supremo da moralidade", a liberdade ou autonomia de uma vontade que obedece a leis que impõe a si mesma. A importância suprema vinculada aos agentes autônomos, de vontade livre, é espelhada na segunda maior formulação do imperativo categórico:

> **"Duas coisas enchem o espírito de uma admiração e de uma veneração que não faz mais do que aumentar quanto mais frequente e regularmente refletimos sobre elas: o céu estrelado sobre minha cabeça e a lei moral em meu íntimo."**
>
> **Immanuel Kant,** 1788

> Aja de modo a tratar a humanidade, na sua pessoa ou na de outros, não apenas como um meio, mas sempre e ao mesmo tempo como um fim.

Uma vez que alguém reconhece o inestimável valor da própria agência moral, é necessário estender esse respeito à agência dos outros. Tratar os outros como simples meios para promover os próprios interesses sabota ou destrói a agência dos outros, logo as máximas que servem a propósitos próprios ou prejudicam os outros contradizem essa formulação do imperativo categórico e não se qualificam como leis morais. Em resumo, existe um reconhecimento aqui de que há direitos básicos que pertencem às pessoas em virtude de sua humanidade e não podem ser ignorados: essa é uma faceta profunda e iluminada da ética kantiana.

A ideia condensada:
o dever a todo custo

19 A regra áurea

"O cerne da questão é se todos os americanos devem ter direitos iguais e oportunidades iguais, se vamos tratar nossos companheiros americanos como queremos ser tratados. Se um americano, por ter pele escura, não pode almoçar num restaurante aberto ao público, se não pode mandar os seus filhos para a melhor escola disponível, se não pode votar nos políticos que irão representá-lo, se, em resumo, ele não pode usufruir da vida livre e completa que todos nós queremos, então quem entre nós gostaria de mudar de cor da pele e se colocar no lugar dele? Quem entre nós se contentaria com os conselhos de paciência e adiamento?"

Em junho de 1963, numa época em que a tensão e o ódio raciais nos Estados Unidos estavam se transformando em violência e atos de protesto público, o presidente John F. Kennedy fez um discurso ao povo norte-americano no qual falou apaixonadamente contra a segregação e a discriminação racial. No cerne de seu discurso, havia um apelo ao mais fundamental e onipresente de todos os princípios morais, a chamada "regra áurea". Encapsulada na frase "Faça aos outros o que gostaria que fizessem a você", a noção subjacente parece ser fundamental ao mais básico sentido ético humano e é expressa de uma forma ou outra em virtualmente todas as tradições religiosas e morais.

> "Não ofenda ninguém, para que ninguém o ofenda."
>
> Maomé, c.630

Poucos filósofos da moral deixaram de invocar a regra áurea ou, no mínimo, mencionar sua relação com os princípios de suas próprias teorias. Embora Kant afirmasse que faltava à regra áurea o rigor necessário para qualificá-la como uma lei universal, existem ecos claros dela na mais famosa formulação do seu imperativo categórico: "Aja apenas de acordo com uma máxima que você possa ao mesmo tempo

linha do tempo

c.30 d.C.
A regra áurea

1739
A guilhotina de Hume
A teoria abaixo/viva

Oportunistas e hipócritas

Primos não muito distantes dos escarnecedores da regra áurea – aqueles que desejam fazer aos outros, mas não querem que façam a eles – são os oportunistas, cujo objetivo é aproveitar os benefícios do que fazem a eles sem incorrer nos custos de fazê-los a alguém. Trabalhadores que não se sindicalizam, mas recebem o benefício de um aumento negociado por ação sindical; países que não se esforçam no controle de suas emissões de carbono, mas se beneficiam de ações coletivas internacionais para reduzir o aquecimento global. O problema, nesses casos, é que a regra pode ser racional para indivíduos que consideram apenas os seus próprios interesses e são oportunistas, mas se muitas pessoas pensarem do mesmo jeito nenhum dos benefícios esperados será alcançado.

Então é certo usar a coerção? É correto obrigar os trabalhadores à sindicalização a portas fechadas, ou forçar acordos internacionais por meio de ameaças de sanções ou outras ações?

Outros parentes próximos dos delinquentes da regra áurea são os hipócritas, que procuram garantir que não façam nada a eles ao não praticarem o que pregam: o pastor adúltero que louva a santidade do casamento; o político que aceita propina enquanto fala mal de falcatruas financeiras. Como nas violações da regra áurea, a objeção básica nesses casos é a incoerência entre as opiniões declaradas das pessoas e as crenças sugeridas por seu comportamento; entre a importância que dizem dar a certas proposições e a indiferença que pode ser inferida de suas ações.

querer que se torne uma lei universal" (veja a página 78). Na outra ponta do espectro filosófico, J. S. Mill reivindicou a regra áurea para o utilitarismo, declarando: "Na regra áurea de Jesus de Nazaré, lemos o espírito completo da ética da utilidade" (veja a página 83). Um exemplo mais recente é encontrado no prescritivismo, a teoria ética desenvolvida por R. M. Hare, que propõe que a noção de "universalizabilidade" – claramente uma variação da regra áurea – é uma propriedade essencial dos julgamentos morais.

> **"Em tudo façam aos outros o que querem que eles lhes façam, pois esta é a Lei e os Profetas."**
>
> Jesus, c.30 d.C.

> **"A regra áurea é um bom padrão, que pode ser melhorado fazendo-se aos outros, sempre que possível, o que querem que lhe façam."**
>
> Karl Popper, 1945

Observadores ideais e espectadores imparciais

O apelo universal da regra áurea – a razão pela qual ela aparece sob uma forma ou outra em praticamente todos os sistemas éticos filosóficos e religiosos – deve-se em parte à sua pura generalidade. E assim, de acordo com critérios e necessidades específicos, suas facetas dominantes podem incluir (entre várias outras coisas) reciprocidade, imparcialidade e universalidade. O caráter multiforme da regra também significa que ela (ou algo muito parecido) tem surgido sob muitos disfarces diferentes em diversos sistemas diferentes. Uma encarnação influente é a do "observador ideal". A suposição, aqui, é que nossos instintos incorretos e incultos serão distorcidos por vários fatores, incluindo a ignorância, a parcialidade pelos amigos e a falta de empatia pelos outros. Como antídoto contra isso, um observador ideal (ou idealizado) é introduzido, e sua visão, livre de tais falhas, fornece uma medida-padrão moral adequada.

Uma das mais conhecidas elaborações dessa noção é o "espectador imparcial e bem informado", descrito pelo filósofo e economista escocês Adam Smith em sua *Teoria dos sentimentos morais*, de 1759. O espectador de Smith é a voz da consciência interna, "o homem dentro do peito, o grande juiz e árbitro de nossa conduta", cuja jurisdição é baseada "no desejo de possuir aquelas qualidades e realizar aquelas ações que amamos e admiramos nas outras pessoas; e no temor de possuir aquelas qualidades e realizar aquelas ações que odiamos e desprezamos nas outras pessoas".

Entendendo a regra áurea Apesar de seu apelo intuitivo, não é tão óbvio o quanto uma orientação prática pode resultar da regra áurea. Sua simplicidade total, embora seja parte de sua atração, a torna um alvo fácil para observações críticas. As pessoas sentem prazer de modos muito diferentes; o não masoquista fugiria do masoquista adepto da regra áurea. Mas, quando tentamos definir e redefinir a regra, nós nos arriscamos a enfraquecê-la. Podemos desejar especificar o contexto e as circunstâncias em que a regra pode ser aplicada, mas se formos específicos demais a regra começa a perder a universalidade, que é a grande responsável por sua atração. No cerne da regra áurea reside uma exigência de consistência, mas o egoísta pode consistentemente correr atrás de seus próprios interesses sem mostrar inconsistência ao recomendar que outros façam a mesma coisa.

> **O que você não deseja para você, não faça aos outros... Assim como você deseja respeito, ajude os outros a serem respeitados; assim como você deseja o sucesso, ajude os outros a alcançá-lo.**
>
> Confúcio, c.500 a.C.

Em vez de ver a regra áurea como uma panaceia moral (como alguns procuraram fazer), é mais frutífero encará-la como um ingrediente essencial, uma parte necessária para as bases de nosso pensamento moral; uma exigência não só de consistência, mas de justiça; uma necessidade de que você busque colocar-se, em imaginação, no lugar de outra pessoa, que você ofereça aos outros o tipo de respeito e compreensão que deseja receber. Desse modo, a regra áurea é um antídoto útil contra o tipo de miopia moral que costuma afligir as pessoas quando os seus maiores interesses correm algum risco.

A ideia condensada: faça como fariam a você

20 Atos e omissões

A água já chegou ao peito dos que estão na caverna e continua a subir rapidamente. Se a equipe de resgate não agir logo, os oito homens morrerão em menos de meia hora. Mas o que os salvadores podem fazer? Não há como tirar os homens do local a tempo, não há como cortar o fluxo de água. A única opção é desviar o fluxo para uma caverna menor nas proximidades. Mas na caverna menor ficaram presos os dois outros homens que se separaram do grupo principal: eles estão bem e esperam pacientemente serem resgatados de lá. Desviar o fluxo de água inundará a caverna menor em minutos e os dois homens lá dentro vão se afogar. O que a equipe de regate deve fazer? Cruzar os braços e deixar os oito homens morrerem, ou salvá-los à custa da vida dos outros dois homens?

Um dilema terrível, sem resposta fácil. Suponha que realmente existam apenas duas opções: desviar o fluxo de água, que é uma intervenção deliberada que causará a morte de dois homens que, se nada for feito, continuarão vivos; e cruzar os braços sem fazer nada, o que causará a morte de oito homens que poderiam ter sido salvos. Embora a segunda opção seja pior quando se trata de vidas perdidas, muitos consideram pior agir de um modo que cause a morte de alguém do que permitir que alguém morra por falta de ação. A suposta diferença moral entre o que você faz e o que você permite que aconteça – a chamada doutrina ato-omissão – divide, de modo previsível, os teoristas éticos. Os que insistem que o valor moral de uma ação deveria ser julgado apenas por suas consequências rejeitam a doutrina, ao passo que ela é aprovada pelos filósofos que dão ênfase à propriedade intrínseca de certos tipos de ação e ao nosso dever de executar tais ações sem considerar as consequências (veja a página 76).

linha do tempo

c.300 a.C.	c.1260 d.C.	1739
A questão do mal	Atos e omissões Guerra justa	A guilhotina de Hume

O princípio do duplo efeito

Na avaliação moral de uma ação, a intenção do agente costuma ser crucial. Nossas ações podem ser censuráveis mesmo que suas más consequências não tenham sido intencionais (elas podem indicar negligência, por exemplo), mas as mesmas ações podem ser julgadas com mais rigor se as consequências forem intencionais. Muito próximo da doutrina ato-omissão, o princípio do duplo efeito aciona a ideia de separar as consequências intencionais de uma ação das consequências meramente previstas. Uma ação que tem resultados bons e ruins pode então ser justificada moralmente se foi realizada com a intenção de produzir bons resultados, enquanto que os resultados ruins foram previstos, mas não intencionais. O princípio tem sido aplicado a casos como os descritos a seguir:

- A vida de uma mãe é salva pela remoção cirúrgica (pela morte, portanto) de um feto: salvar a vida da mãe é intencional; matar o feto é previsto, mas não intencional.

- Medicamentos contra a dor são dados a pacientes terminais: a intenção é aliviar a dor que sentem; o efeito colateral conhecido, mas não intencional, é que a vida dos pacientes será abreviada.

- A fábrica de munição do inimigo é bombardeada: a intenção é destruir a fábrica; a consequência prevista, mas não intencional (ou "dano colateral"), é a morte de muitos civis que moram perto da fábrica.

Em todos esses casos, a ideia do efeito duplo é usada para sustentar a alegação de que as ações realizadas são moralmente defensáveis. A doutrina costuma ser usada por pensadores que favorecem uma concepção de moralidade absolutista ou baseada no dever (deontológica) para explicar casos nos quais há deveres conflitantes e direitos são aparentemente desrespeitados. O princípio tem êxito ou fracassa quando se faz a distinção entre intenção e previsão; mas ainda é motivo de debates o fato de essa distinção ser capaz ou não de suportar o peso que lhe é imposto.

1785
Fins e meios

1958
Além do mero dever

1971
O princípio da diferença

Brincando de Deus Qualquer que seja a força de nossas intuições aqui, a distinção parece enfraquecer quanto mais a examinamos. Muito do seu apelo, especialmente em questões de vida e morte, mexe com o nosso medo de, ao fazermos algo, "brincarmos de Deus" – decidindo quem deve viver e quem deve morrer. Mas em que sentido moralmente relevante "cruzar os braços" é não fazer nada? Não agir é uma decisão, assim como agir, então parece que nos dois casos não há opção além de brincar de Deus. Seríamos mais clementes com pais que decidem afogar os filhos na banheira ou com pais que não alimentam os filhos e os deixam morrer de fome lentamente? Distinções precisas entre matar e deixar morrer parecem grotescas nesses casos, e relutaríamos em dizer que a "omissão" foi em qualquer sentido menos censurável que a "ação".

A suposta distinção moral entre coisas feitas e coisas que receberam permissão para acontecer costuma ser evocada em áreas médicas eticamente delicadas, como a eutanásia. Nesse caso, a distinção costuma ser feita entre a eutanásia ativa, na qual o tratamento médico apressa a morte de um paciente, e a eutanásia passiva, na qual a morte resulta da interrupção do tratamento. Muitos sistemas legais (provavelmente seguindo nossos instintos, nesse caso) escolhem reco-

São Tomás de Aquino sobre a autodefesa

A formulação do princípio que mais tarde se tornou conhecido como doutrina do efeito duplo costuma ser creditada a Tomás de Aquino, filósofo do século XIII. Ao discutir a justificação moral de matar em autodefesa, ele criou distinções que são notavelmente próximas das utilizadas em definições legais modernas. A asserção clássica da doutrina aparece na sua obra *Suma Teológica*:

"Nada emperra mais uma ação que ter dois efeitos, com apenas um intencional, enquanto o outro está além da intenção... o ato de autodefesa pode ter dois efeitos, um é o de salvar a própria vida, o outro é o de matar o agressor. Consequentemente, esse ato, desde que a intenção da pessoa seja salvar a própria vida, não é ilegal, visto que é em tudo natural querer conservar a existência, até quando for possível. Mesmo assim, embora procedendo de uma boa intenção, um ato pode tornar-se ilegal, se for desproporcional ao fim. Por essa razão, se um homem, em autodefesa, usar de mais violência que o necessário, estará fora da lei; mas, se ele repelir a força com moderação, sua defesa será legal".

Enola Gay

O que teria acontecido se o bombardeiro B-29 *Enola Gay* não tivesse jogado a primeira bomba atômica em Hiroshima em 6 de agosto de 1945? É bem provável que essa ação, seguida pelo lançamento de uma segunda bomba em Nagasaki três dias depois, tenha apressado o fim da Segunda Guerra Mundial: o Japão se rendeu em 14 de agosto. Pode-se argumentar que, apesar de o ato deliberado ter causado uma quantidade horrenda de mortes, muito mais vidas foram salvas quando se evitou uma invasão sangrenta do Japão. Sendo assim, a decisão de jogar "a bomba" foi justificada? Na opinião do presidente Truman, "Lançar a bomba não foi uma decisão difícil".

nhecer essa diferença, mas, de novo, é difícil ver qualquer distinção moralmente relevante entre, digamos, administrar drogas que induzem a morte (um ato deliberado) e parar de administrar drogas que prolongam a vida (uma não ação deliberada). A posição legal se baseia, em parte, na noção (quase sempre religiosa em sua origem) da santidade da vida humana; mas, ao menos no que se refere ao debate sobre a eutanásia, essa é primariamente uma preocupação com a vida humana em si, sem levar em consideração sua qualidade ou as preferências do ser humano cuja vida está sendo decidida. Dessa maneira, a lei tem a consequência bizarra de tratar um ser humano em situação de extremo desconforto ou sofrimento com uma consideração menor que a normalmente oferecida a um animal de estimação ou de fazenda em circunstâncias semelhantes.

A ideia condensada: agir ou não agir?

21 Ladeiras escorregadias

O terreno dos padrões morais elevados é cercado por morros, e onde há morros há ladeiras – muitas delas, e traiçoeiras também. No debate popular sobre um amplo leque de questões políticas e sociais, nenhum fantasma é conjurado com mais frequência que o da ladeira escorregadia. A imagem parece tão sugestiva que costuma ser apresentada sem comprovação alguma e aceita sem ser posta em dúvida. Embora o rumo da ladeira escorregadia não seja necessariamente contra a moral, ele costuma ser sugerido em momentos carregados de tensão ou emoção, e em muitos casos o seu apelo é ilusório e evasivo.

O formato geral do argumento da ladeira escorregadia não poderia ser mais simples: se você permitir a prática A (inócua ou sujeita a pouca objeção), ela inevitavelmente levará à prática Z (odiosa e bastante indesejável). Ladeiras escorregadias são detectadas nas mais diversas situações. Alguns exemplos clássicos:

• Permitir a eutanásia ativa para que doentes terminais escolham quando vão morrer certamente criará um clima de culpa tão grande que os idosos concordarão em "partir em silêncio" para liberar espaço para os mais jovens, para evitar que os mais jovens gastem tempo e dinheiro cuidando deles etc.

• Permitir que os pais escolham o sexo dos filhos logo fará com que eles comecem a escolher os mais variados tipos de atributos físicos e terá início o pesadelo dos "bebês sob medida".

• Legalizar drogas leves como a maconha pode encorajar a experimentação de drogas pesadas e, antes que se possa fazer qualquer coisa, as ruas estarão cheias de viciados com seringas espetadas nos braços.

linha do tempo

c.300 a.C.
O paradoxo de sorites

- Ser complacente com infratores juvenis fará com que eles cometam crimes cada vez piores e dentro de pouco tempo nossas casas serão sitiadas por bandos de jovens ladrões e assassinos.

Uma característica comum a tais argumentos é declarar que existe uma ladeira escorregadia de A a Z, mas manter silêncio sobre os estágio B a Y. A ausência mais notável costuma ser a mais importante – alguma justificativa da alegada inevitabilidade de A levar a Z. O foco é direcionado aos horrores de Z, com frequência pintados com as cores mais sombrias, e espera-se que a falta de discussão sobre os méritos (ou a falta deles) da prática A passe despercebida. O argumento é substituído pela retórica. A prudência de (digamos) deixar que os pais escolham o sexo de seus filhos deveria ser considerada por seus próprios méritos e, se fosse sujeita a objeções, poderia ser defensavelmente proibida. Se a prática em si é vista como inócua, talvez seja relevante considerar a suposta inevitabilidade de que ela leve a alguma outra prática condenável. Mas isso seria difícil de provar porque na vida real, em que o perigo de aparecer uma ladeira escorregadia é genuíno, quase sempre é possível estabelecer regras e diretrizes que previnam escorregadas incontroláveis ladeira abaixo.

Dominós, cunhas e limites A ladeira escorregadia não é o único risco para o qual o moralizador popular nos alerta. O primeiro tropeção numa ladeira escorregadia costuma precipitar um mergulho em

---

Cozinhando sapos

Às vezes, os perigos de mudanças sociais ou políticas rasteiras são ilustrados pela história do sapo na panela. Se o seu objetivo é cozinhar um sapo, você não terá sucesso (diz a lenda) se jogá-lo numa panela com água fervendo, pois ele logo saltaria para fora; mas você seria bem-sucedido se o colocasse numa panela de água fria e aumentasse a temperatura aos poucos. Desse mesmo modo, podem argumentar os libertários com mente de sapo, a erosão gradual de nossas liberdades civis pode levar a uma perda cumulativa (ou a uma "tomada de poder") que talvez pudesse ser vigorosamente combatida caso tentada num golpe único. A teoria sociopolítica é mais plausível que a teoria do sapo; a falsidade desta última deve ser presumida, não testada.

1785
Fins e meios

1954
Ladeiras escorregadias

direção a uma floresta de outros perigos verbais, onde há barulho de dominós que caem, bolas de neve que crescem monstruosamente, comportas que se abrem e *icebergs* que mostram apenas suas pontas.

Assim como um único dominó que cai sobre seu vizinho pode iniciar uma sequência de quedas, no **efeito dominó** é sugerido que a ocorrência de um evento específico indesejável iniciará uma sequência de eventos similares nas proximidades. Sua mais famosa aparição foi em 1954, quando inspirou a "teoria do dominó", apresentada pelo presidente norte-americano Dwight Eisenhower para justificar que os Estados Unidos invadissem o Vietnã. De acordo com essa teoria, se um país caísse em mãos comunistas, outros países do sudeste asiático inevitavelmente cairiam também. O primeiro dominó (Vietnã) caiu, sim, mas, com exceção do Camboja, a prevista dominação comunista na região não aconteceu; a suposta inevitabilidade, nesse caso, provou não ser inevitável.

Uma rachadura numa pedra ou num tronco pode ser aumentada se colocarmos uma cunha nela; do mesmo modo, apelar para a figurativa **ponta mais estreita da cunha** sugere que uma pequena alteração em uma (digamos) lei ou regra será o início de, ou uma desculpa para, uma reforma completa. A sugestão de que o direito de ser julgado por um júri não deveria existir em casos complexos de fraude é vista por alguns como a ponta mais estreita da cunha, pois suspeitam que o direito de ir a júri será negado gradualmente em outras (talvez todas) situações. A suspeita dos teóricos da cunha não passa de mera suposição até que seja apoiada por evidências de que os donos da política começaram a exibir o comportamento de usar a cunha em circunstâncias assim.

O problema de **saber estabelecer limites** costuma surgir quando se busca conhecimento em situações em que tal conhecimento não é possível – quando se espera um grau de precisão inapropriado ao contexto. Podemos todos concordar, por exemplo, que seria errado permitir que muitos milhões de imigrantes viessem viver no nosso país a cada ano, mas é correto permitir que alguns venham. Como estabelecer o limite? O fato de existir necessariamente um grau de vaguidão referente a uma decisão ou ao contexto em que ela é feita não significa que tal decisão não possa ou não deva ser tomada.

Esse mesmo tipo de problema tem assombrado há tempos a questão do aborto; muitos concordam que um embrião recém-concebido e um bebê são diferentes, mas ninguém consegue (porque é impossível) determinar o momento preciso em que essa diferenciação ocorre. Isso acontece porque o desenvolvimento do feto é um processo gradual, e qualquer instante estabelecido como limite será de algum modo arbitrário. Mas isso não significa que qualquer instante é tão bom quanto outro, que é melhor não estabelecer limites ou que qualquer limite estabelecido não tem autoridade ou valor.

O focinho do camelo

Outra versão da ladeira escorregadia, pitoresca e pouco usada, baseada num conto árabe, dá um exemplo divertido dos peculiares perigos da vida numa tenda de lona (ou de pele de cabra). As terríveis consequências de "deixar o focinho do camelo entrar na tenda" – sem falar que o focinho
é a parte menos ofensiva de um camelo – foram narradas com charme pela poetisa norte-americana Lydia Howard Sigourney:

Certa vez em sua loja um artesão trabalhava
Com mão lânguida e pensamento apático,
Quando da janela aberta
Cuidado! – um camelo enfiou a cara.
"Meu focinho está frio", ele choramingou, humilde;
"Oh, deixe-me aquecê-lo ao seu lado."
Como nenhuma palavra de negação lhe foi dita,
Para dentro veio o focinho – e veio a cabeça,
E assim como o sermão vem depois da leitura do evangelho
O pescoço errante e longo veio a seguir.
E então, quando caiu a tempestade ameaçadora,
Saltou para dentro toda a forma deselegante.

Espantado o artesão olhou ao redor,
E para o grosseiro invasor franziu a testa,
Convencido, ao vê-lo assim tão perto,
De que não havia espaço para tal convidado.
Ainda mais surpreso, ouvi o camelo dizer:
"Se estiver incomodado, siga o seu caminho,
Pois neste lugar eu escolhi ficar".
Oh, corações jovens, nascidos para a alegria,
Não tratem esta fábula árabe com desprezo.
Para as velhas artimanhas do mal
Não emprestem nem ouvidos, nem olhar, nem sorriso,
Sufoquem a fonte escura onde ela fluir,
Não admitam sequer o focinho do camelo.

A ideia condensada: se você der a mão...

22 Além do mero dever

Em 31 de julho de 1916, durante a batalha de Somme, no norte da França, James Miller, de 26 anos, soldado raso do regimento britânico King's Own Royal Lancaster, recebeu a "ordem de levar, sob forte fogo cruzado, uma importante mensagem; a resposta deveria ser trazida de volta a qualquer custo. O soldado precisava atravessar um campo aberto e, ao sair da trincheira, logo levou um tiro pelas costas; a bala atravessou-lhe o corpo e saiu pelo abdome. Apesar disso, com autossacrifício e coragem heroicos, Miller apertou o ferimento com as mãos, entregou a mensagem e cambaleou de volta com a resposta, caindo aos pés do oficial para quem a entregou. Deu a vida por uma devoção suprema ao dever".

O que causa esse tipo de comportamento? As autoridades militares britânicas durante a Primeira Guerra Mundial consideraram as ações do soldado Miller claramente excepcionais, mesmo num momento em que feitos extraordinários eram realizados todos os dias, e ele recebeu a Cruz Vitória "por bravura notável" (expressão tirada da citação oficial de Miller para receber a condecoração póstuma). Se o soldado tivesse voltado para a trincheira assim que levou o tiro que logo causaria sua morte, seria difícil *culpá-lo* de covardia ou dizer que ele agiu *errado* ou que sua ação foi *imoral*. Como seus oficiais comandantes, com certeza julgaríamos que as ações de Miller foram "além do mero dever" e mereceram elogios especiais.

Em resumo, tendemos a elogiá-lo por ter feito o que fez, mas não o condenaríamos se houvesse agido de modo diferente.

linha do tempo

c.30 d.C.	c.1260	1739
A regra áurea	Atos e omissões	A guilhotina de Hume

Atos supererrogativos Nossas intuições comuns parecem aceitar com tranquilidade esse tipo de avaliação. Parece natural enxergar a moralidade como algo que tem dois níveis. No primeiro estão as coisas que todos somos moralmente requisitados a fazer: obrigações básicas que são uma questão de dever estabelecem o padrão mínimo da moralidade ordinária. Com frequências tais obrigações são declaradas de forma negativa: não mentir, não trair, não matar etc. Temos de cumprir essas obrigações e todos os outros devem fazer o mesmo.

Além desses deveres morais ordinários, existem, em nível mais elevado, ideais morais. Estes são expressos de forma positiva e podem ser indefinidos: assim, ao passo que existe um dever moral ordinário de não roubar dos outros, uma grande generosidade em relação aos outros é um ideal que a princípio é ilimitado. Tal ação pode ir além do que é exigido pela moralidade ordinária e entra na categoria dos cha-

Um ato de heroísmo?

Podemos imaginar um pelotão de soldados treinando o lançamento de granadas de mão; uma granada escapa da mão de um deles e rola no chão perto do pelotão; um dos soldados sacrifica a vida jogando-se sobre a granada e protegendo os companheiros com o próprio corpo... Se o soldado não tivesse se jogado sobre a granada, teria deixado de cumprir seu dever? Embora ele seja de algum modo superior a seus camaradas, podemos dizer que os outros falharam por não terem tentado ser o soldado que se sacrificou? Se ele não houvesse feito o que fez, alguém poderia ter dito a ele "Você deveria ter se jogado sobre a granada"?

Essa história é contada em Saints and Heroes, um estudo importante de 1958 do filósofo britânico J. O. Urmson, que tem provocado debates recentes sobre atos supererrogativos. Urmson identifica três condições que definem um ato supererrogativo: não pode ser uma questão de (mero) dever; deve ser louvável; não deve existir culpa em caso de omissão do ato. Todos esses critérios estão presentes no caso mencionado aqui, afirma Urmson, o que o qualifica como um ato de heroísmo.

1781
O imperativo categórico

1785
Fins e meios

1958
Além do mero dever

1974
A máquina de experiências

> ### Integridade moral
>
> A ideia de ações supererrogativas realça o aspecto pessoal da moralidade. Heróis e santos possuem um senso pessoal de dever, do que é certo para *eles* fazerem, por isso escolhem ignorar seu direito a isentar-se do perigo ou da dificuldade que a maioria de nós usaria como desculpa para não realizar tais ações. A maioria das formas de utilitarismo é rigidamente impessoal, trata cada vida (incluindo a do agente) como tendo igual valor em avaliações morais, e tende a subestimar a importância de objetivos e compromissos particulares. Estes costumam ser ignorados quando o padrão utilitarista é usado para chegar a decisões morais, e nesse sentido alguns julgam que o utilitarismo proporciona uma descrição pouco adequada das prioridades pessoais de um agente e de seu senso de integridade moral.

mados "atos supererrogativos" – atos que são dignos de louvor quando realizados, mas que não causam culpa quando omitidos. Atos supererrogativos são território de "heróis e santos". Tais pessoas podem considerar esses atos como uma obrigação e culpar-se caso não os realizem, mas trata-se essencialmente de um senso *pessoal* de dever, e os outros não têm permissão para julgá-los dessa forma.

Boas ações podem ser opcionais? Essa categoria de ações morais extraordinárias, não obrigatórias, é filosoficamente interessante justamente por causa das dificuldades que alguns sistemas éticos têm em aceitá-las. Tais sistemas, de modo típico, estabelecem um tipo de conceito sobre o que é bom e depois define o que é certo e errado tendo esse padrão como referência. A ideia de que algo é reconhecido como bom, mas não é exigido, pode ser então difícil de explicar.

De acordo com o utilitarismo, pelo menos em suas versões mais diretas (veja a página 73), uma ação é boa se aumentar a utilidade geral (por exemplo, felicidade) e a melhor ação em qualquer situação é aquela que produz mais utilidade.

Doar a maior parte da sua fortuna para ações de caridade em países subdesenvolvidos não costuma ser visto como obrigação moral; outros podem louvar você por fazer isso, mas não se sentiriam mal caso não seguissem o seu exemplo. Em outras palavras, a caridade nesse nível é supererrogativa. No entanto, olhando pela perspectiva do utilitarismo, se tal ação promove utilidade geral (o que com certeza faz), como não se exigiria que ela fosse realizada? Atos supererrogativos são problemáticos para os éticos kantianos, também. Kant valoriza ao máximo a agência moral em si (veja a página 76). Uma vez aceito isso, como pode existir limite para fazer algo que pode melhorar ou facilitar essa agência?

Conflitos desse tipo entre teorias éticas e nosso senso moral ordinário são prejudiciais, em especial para os utilitaristas. Os utilitaristas radicais poderiam afirmar (e alguns o fazem) que deveríamos aceitar todas as implicações de sua teoria – negando que tais ações possam ser supererrogativas – e alterar nosso estilo de vida de acordo com isso. Mas tais propostas reformistas extremas, que vão contra a moralidade ordinária e transformam a maioria de nós em fracassos morais, com certeza terminam por alienar as pessoas, em vez de conquistá-las. Com frequência, teoristas tentam explicar ou diminuir a importância de conflitos aparentes. Uma estratégia comum é apelar para alguma forma de isenção ou desculpa (por exemplo, dificuldade anormal ou perigo) que permite que uma pessoa não realize uma ação que de outro modo seria obrigatória. Essa manobra tira uma determinada teoria da berlinda, mas há um preço a pagar por isso. Fatores pessoais foram adotados, perturbando a universalidade que costuma ser encarada como indispensável no campo da moral (veja a página 80). Outra abordagem é adotar ideias como a doutrina do duplo efeito e a distinção ato-omissão (veja a página 85) para explicar como pode ser certo seguir um caminho quando outro, aparentemente preferível, está disponível. Mas essas ideias também apresentam dificuldade em si, e de qualquer jeito muita gente vai sentir que a plausibilidade de uma teoria é diminuída se for carregada demais de notas de rodapé e outras qualificações.

A ideia condensada: deveríamos ser todos heróis?

23 É ruim ser azarado?

Dois amigos, Bell e Haig, passam a noite juntos no bar. Na hora de ir embora, uma cerveja ou duas acima do limite, os dois cambaleiam até chegar aos próprios carros e dirigem até suas casas. Bell chega em casa sem problemas, cai na cama e acorda no dia seguinte com nada além de uma ressaca. Haig – tão experiente em dirigir bêbado quanto o amigo – faz progresso lento no rumo de casa quando sua viagem é interrompida por um rapaz que se joga na frente do seu carro. Não dá tempo de parar e o rapaz morre na hora. Haig é jogado numa cela por um policial e acorda na manhã seguinte com uma leve ressaca e a certeza de que passará vários anos na cadeia.

O que pensar do comportamento de Bell e Haig? A lei não tem dúvida de que o comportamento de Haig é culpável; se pego, Bell pode receber uma multa e perder a carteira de motorista por um tempo; Haig com certeza enfrentará uma acusação de homicídio culposo. A visão legal pode representar bem nosso senso moral nesse caso. Podemos achar que alguém cuja ação irresponsável causa uma morte é muito mais culpado que outra pessoa que dirige enquanto está (um pouco) acima do limite alcoólico legal. No entanto, a única diferença entre os dois motoristas, nesse caso – o jovem que se joga na frente do carro –, foi um mero acaso. Os dois motoristas agiram de modo irresponsável, e um deles teve azar. Então o único fator que aparentemente explica o julgamento moral e legal mais severo direcionado a Haig é o azar – algo que está, por definição, fora do controle do agente.

Sorte moral Essa diferenciação entre os dois casos parece estar em desacordo com uma intuição moral muito difundida – a sensa-

linha do tempo

c.350 a.C.
Ética da virtude

c.1260 d.C.
Atos e omissões

ção de que só é correto julgar moralmente as coisas quando elas estão sob o nosso controle. Vou ficar zangado se você jogar café em mim de propósito, mas talvez não me zangue se o incidente acontecer num trem e for causado por uma freada brusca. Outro modo de explicar o mesmo ponto é dizer que duas pessoas não deveriam ser julgadas de modo diferente a menos que as diferenças se devam a fatores que elas podem controlar. Se um golfista joga uma bola contra a multidão, acerta e mata um espectador, não tendemos a culpá-lo – não o culpamos – mais do que culparíamos outro jogador que fizesse a mesma coisa sem atingir ninguém (o modo como o golfista azarado vai se *sentir* depois é outra questão).

Mas, se transferimos esse jeito de pensar para o caso de Bell e Haig, parece que deveríamos julgá-los da mesma forma. Deveríamos julgar Bell com mais severidade por causa do prejuízo que seu comportamento irresponsável poderia ter causado? Ou deveríamos ser mais clementes com Haig, porque ele estava se comportando como milhares de outros e apenas teve azar? Podemos, é claro, permanecer com a nossa avaliação inicial – os dois casos deveriam ser tratados diferentemente com base nos resultados diferentes. Mas, se fizermos isso, precisaremos mudar nossa visão sobre o significado de controle: teremos de concluir que a moralidade não é imune ao acaso – que existe algo que poderia, paradoxalmente, ser chamado de "sorte moral". É como se a sorte pudesse torná-lo mau, no fim das contas.

> **Se deixamos negligentemente a torneira aberta com o bebê dentro da banheira, vamos compreender, quando subimos a escada correndo rumo ao banheiro, que se o bebê tiver se afogado fizemos algo de terrível, ao passo que se nada tiver acontecido fomos meramente descuidados.**
>
> Thomas Nagel, 1979

Ou é azar ser ruim? A questão de existir ou não sorte moral – se julgamentos morais são determinados, ao menos em parte, por fatores casuais fora de nosso controle – tem sido assunto de muitas discussões filosóficas recentes.

1739
A guilhotina de Hume

1789
Teorias da punição

1976
É ruim ser azarado?

O debate pode parecer mais acentuado em casos de "sorte resultante" – como nos casos de Bell e Haig, nos quais o resultado casual de uma ação talvez afete o julgamento que fazemos deles. Mas existem outros tipos de sorte que podem estar envolvidos, e o problema pode ser maior do que parece.

Confrontado com um caso do tipo Bell/Haig, é tentador responder que são as *intenções* do agente – não as consequências dessas intenções – que deveríamos considerar na hora de partilhar louvor ou culpa. Bell e Haig têm as mesmas intenções (nenhum deles quer matar ninguém), portanto, deveriam (discutivelmente) receber o mesmo julgamento. Mas até que ponto temos controle real sobre nossas intenções? Formamos as intenções que formamos por causa do tipo de pessoa que somos, mas existem inúmeros fatores (que entram na descrição geral de "sorte constitutiva") que nos moldam como pessoa e que não controlamos.

Nosso caráter é produto de uma complexa combinação de fatores genéticos e ambientais sobre os quais temos pouco ou nenhum controle. Até que ponto deveríamos ser julgados por ações ou intenções que fluem naturalmente do nosso caráter? Se não consigo evitar ser covarde ou egoísta – se estiver "em minha natureza" ser assim –, é justo me culpar ou criticar por fugir do perigo ou pensar demais nos meus próprios interesses?

É possível continuar a forçar cada vez mais os limites da sorte. Se considerarmos outro tipo de sorte – a sorte circunstancial –, veremos até que ponto uma avaliação da maldade moral pode depender de se estar no lugar errado, na hora errada. Levado à sua conclusão lógica, o debate sobre se existe algo como sorte moral mescla-se à

Lugar errado, hora errada

Podemos mostrar os pontos bons e ruins do nosso caráter apenas se as circunstâncias nos oferecerem oportunidades para fazê-lo: estamos todos à mercê da "sorte circunstancial". Você não pode mostrar a sua grande generosidade natural se não contar com recursos para ser generoso ou não tiver beneficiários com os quais possa ser generoso. Podemos pensar que jamais seríamos depravados como os guardas de Auschwitz, mas é claro que nunca teremos certeza disso. Só o que podemos dizer com certeza é que temos sorte por não precisarmos descobrir. Sendo assim, o guarda nazista teve azar ao ser colocado numa situação em que pôde descobrir? Ele teve o azar de ser mau?

> **"O ceticismo sobre o fato de a moralidade estar livre da sorte não pode deixar o conceito de moralidade onde estava... Ficaremos com um conceito de moralidade, mas um menos importante, certamente, do que se considera que o nosso seja; e esse conceito não será nosso, visto que uma coisa que é particularmente importante sobre o nosso conceito é o quanto ele é considerado importante."**
>
> **Bernard Williams, 1981**

questão do livre-arbítrio e levanta as mesmas perguntas: numa análise final, será que fazemos *qualquer coisa* livremente, e, se não existir liberdade, será que existe responsabilidade? E, sem responsabilidade, que justificativa existe para culpa e punição (veja a página 196)?

Intuições comuns sobre a sorte moral estão longe de ser uniformes ou consistentes. Essa incerteza reflete-se num grau de polarização nas posições filosóficas adotadas sobre o assunto. Alguns filósofos negam que exista algo como sorte moral e depois tentam explicar ou descartar suas manifestações e aparições em nosso discurso moral ordinário. Outros aceitam que a sorte moral existe e depois seguem adiante e consideram se isso nos obriga, e quanto nos obriga, a alterar ou revisar o modo como fazemos avaliações morais. As apostas são altas, quando se fala em risco de danos a algumas suposições clássicas sobre o modo como conduzimos nossa vida moral, e existem poucos sinais de consenso.

A ideia condensada: a sorte favorece os bons?

24 Ética da virtude

Durante a maior parte dos últimos 400 anos, filósofos da moral têm mostrado uma tendência a focar primeiro as ações, não os agentes – que tipo de coisas deveríamos fazer, em vez de que tipo de pessoas deveríamos ser. A incumbência principal do filósofo tem sido descobrir e explicar os princípios nos quais essa obrigação moral se baseia e formular regras que façam com que nos comportemos de acordo com esses princípios.

Proposições bem diferentes têm sido feitas sobre a natureza dos princípios subjacentes em si, da ética kantiana baseada no dever ao utilitarismo consequencialista de Bentham e Mill. Contudo, existe na origem uma suposição comum de que a questão principal seja a justificação das ações e não o caráter dos agentes, os quais têm sido vistos como secundários ou meramente instrumentais. Mas a virtude nem sempre desempenhou papel secundário ao do dever ou de algum outro bem além de si.

Até o Renascimento e os primeiros sinais da revolução científica, as mais fortes e importantes influências sobre a filosofia vinham dos grandes pensadores da Grécia clássica – Platão e, acima de todos, seu pupilo Aristóteles. Para eles, a preocupação principal eram a natureza e o cultivo de um caráter bom; a questão principal não era "Qual a coisa certa a fazer (em tais e tais circunstâncias)?", e sim "Qual o melhor modo de se viver?".

Dada a grande diferença de prioridades, a natureza da virtude, ou excelência moral, era de interesse central. A filosofia de Aristóteles foi eclipsada durante séculos, dos tempos de Galileu aos de Newton, quando a atenção mudou para as regras e os princípios da conduta moral. A partir de meados do século XX, porém, alguns pensadores

linha do tempo

c.440 a.C.	**c.350 a.C.**
A carne de um homem...	Ética da virtude

Ética e moralidade

Existe, aparentemente, uma distância tão grande entre a tarefa como foi concebida por Aristóteles e a abordagem adotada por filósofos mais recentes, que alguns chegaram a sugerir que a terminologia deveria ser adaptada para refletir a distinção. Foi proposto que o termo "moralidade" deveria restringir-se a sistemas como os de Kant, nos quais o foco reside nos princípios de dever e nas regras de conduta; por sua vez, "ética" – que deriva da palavra grega para "caráter" – seria reservada para abordagens mais aristotélicas, nas quais a prioridade é dada às disposições dos agentes e à sabedoria prática (e não apenas moral). Não se chegou a um acordo sobre a utilidade da distinção, que muitos julgaram que estabeleceria uma falsa (porque equivocadamente pronunciada) oposição entre Aristóteles e os filósofos com os quais seria comparado.

começaram a expressar sua insatisfação com a tendência prevalecente na filosofia moral e a reavivar o interesse pelo estudo do caráter e da virtude.

Este movimento recente na teorização moral, inspirado principalmente pela filosofia ética de Aristóteles, tem avançado sob a bandeira da "ética da virtude".

Os gregos falam de virtude De acordo com Aristóteles e outros pensadores gregos, ser uma boa pessoa e distinguir o certo do errado não é primordialmente uma questão de entender e aplicar determinadas regras e princípios morais. É uma questão de ser ou tornar-se o tipo de pessoa que, ao adquirir sabedoria por meio da prática correta e do treino, irá se comportar habitualmente de maneira apropriada nas circunstâncias apropriadas. Em resumo, ter o tipo certo de caráter e disposições, naturais e adquiridas, resulta no tipo certo de comportamento. As disposições em questão são as virtudes. Elas são as expressões ou manifestações da *eudaimonia*, que os gregos consideravam o maior bem para o homem e o propósito final da atividade humana. Geralmente traduzida como "felicidade", *eudaimonia* tem, na verdade,

1739 d.C.
A guilhotina de Hume

1974
A máquina de experiências

1976
É ruim ser azarado?

um significado mais amplo e dinâmico, mais bem apreendido pela ideia de "florescimento" ou de "levando uma vida boa (bem-sucedida, afortunada)".

Os gregos falam com frequência das virtudes cardeais – coragem, justiça, temperança (autocontrole) e inteligência (sabedoria prática) –, mas uma doutrina fundamental para Platão e Aristóteles é a chamada "unidade das virtudes". Baseando-se em parte na observação de que uma pessoa boa deve saber como responder com sensibilidade às exigências muitas vezes conflitantes das virtudes, eles concluíram que as virtudes são facetas diferentes de uma mesma joia, ou seja, é impossível possuir uma virtude sem possuir todas elas.

Para Aristóteles, a posse e o cultivo das várias virtudes significam que o homem tem uma virtude abrangente, costumeiramente chamada "magnanimidade" (do latim "com grande alma"). O *megalop-*

O meio-termo

O meio-termo é importantíssimo na concepção de virtude de Aristóteles. Às vezes, essa doutrina é erroneamente vista como um apelo à moderação, no sentido de seguir o caminho do meio em todos os assuntos, mas a coisa não é bem assim. Como a citação deixa claro, o meio-termo deve ser definido tendo estritamente a razão como referência. Um exemplo: a virtude que reside no meio-termo entre a covardia e a precipitação é a coragem. Ser corajoso é não apenas uma questão de evitar ações covardes como fugir do inimigo; ela também é necessária para evitar ações impulsivas e tolas, como iniciar um ataque fútil que resultará em prejuízo próprio e prejudicará os camaradas. A coragem depende da razão governando os instintos básicos e não racionais de uma pessoa; o ponto crucial é que a ação deveria ser apropriada às circunstâncias, conforme determinado pela sabedoria prática que responde com sensibilidade aos fatos específicos da situação.

"A virtude, então, é um estado de caráter concernente à escolha, reside no meio-termo que é definido tendo-se a razão como referência. É um meio-termo entre dois vícios, um de excesso e outro de deficiência; e, de novo, é um meio-termo porque os vícios respectivamente excedem ou ficam aquém do que é correto tanto nas ações quanto nas paixões, ao passo que a virtude encontra e escolhe o que é intermediário."

Aristóteles, c.350 a.C.

> **"O bem, para o homem, é o exercício ativo das faculdades de sua alma em conformidade com a excelência ou a virtude... Além disso, essa atividade deve estender-se por toda a vida; pois uma andorinha só não faz verão, nem o faz um único dia de sol."**
>
> Aristóteles, *c.*350 a.C.

sychos ("homem com grande alma") aristotélico é o arquétipo do bem e da virtude: o homem de situação distinta na vida e merecedor de grandes coisas; ansioso por conferir os benefícios, mas relutante em recebê-los; que mostra um orgulho adequado e sem sinal de humildade excessiva.

A hierarquia implícita na unidade das virtudes levou Platão à firme conclusão de que as diferentes virtudes são na verdade uma só, que se resumem em uma única virtude: o conhecimento. A ideia de que a virtude é (idêntica ao) conhecimento fez com que Platão negasse a possibilidade de *akrasia*, ou fraqueza da vontade; para ele, era impossível "conhecer o melhor, mas fazer o pior"; comportar-se com intemperança, por exemplo, não era uma questão de fraqueza, mas de ignorância. A ideia de que não podemos errar de propósito, algo que claramente contradiz a experiência, não era bem-aceita por Aristóteles, ansioso para, sempre que possível, evitar divergências com as crenças comuns (*endoxa*). Para Platão e Aristóteles, comportar-se de modo virtuoso estava intrinsecamente ligado ao exercício da razão, ou à escolha racional; e Aristóteles elaborou essa ideia na influente doutrina do meio-termo (veja box).

A ideia condensada: o que você é, não o que você faz

25 Os animais sentem dor?

"Oh, minha perna!", gritou ele. "Oh, minha pobre canela!" Ele sentou-se na neve e segurou a perna com as patas dianteiras.
"Pobre Toupeira velha!", disse o Rato em tom gentil. "Você parece não estar tendo sorte hoje, não é mesmo? Vamos dar uma olhada nessa perna."
"Sim", continuou o Rato, ajoelhando-se para olhar, "você machucou a canela, com certeza. Espere eu pegar meu lenço, vou amarrá-lo no seu ferimento."

"Devo ter tropeçado num galho ou num toco de madeira", disse a Toupeira, choramingando. "Ai ai ai!"

"É um corte limpo", disse o Rato, examinando de novo a ferida atentamente. "Não parece ter sido feito por um galho ou um toco..."

"Não importa o que machucou eu", disse a toupeira, esquecendo a gramática por causa da dor. "Dói do mesmo jeito, não importa o que me cortou."

Os animais de verdade sentem dor, ou só os da ficção, como a toupeira do livro O *vento nos salgueiros*? Podemos ter uma razoável certeza de que os animais não humanos não falam, mas não temos como saber muito mais que isso.

O modo como respondemos à questão da dor animal, e à questão mais abrangente da consciência animal, tem uma influência direta sobre outras perguntas mais urgentes:

- É certo usar dezenas de milhões de ratos, camundongos e até primatas em pesquisas médicas, testes de produtos etc.?

linha do tempo

*c.*250 a.C.	1637 d.C.	1739
Os animais sentem dor?	A questão mente-corpo	A guilhotina de Hume

A virada linguística

Por analogia com nossa própria mente, podemos inferir algumas semelhanças entre a experiência consciente dos humanos e a de (alguns) animais, mas quão longe podemos ir além disso? A experiência subjetiva de um animal deve estar intimamente ligada ao seu modo de vida e ao ambiente ao qual adaptou-se evolutivamente; e, como indicou Thomas Nagel, não temos a menor ideia de *como* é ser um morcego (veja a página 36). Esse problema tornou-se mais crítico com a "virada linguística" que passou a dominar boa parte da filosofia da mente no século XX. De acordo com essa virada, nossa vida mental é essencialmente sustentada ou mediada pela linguagem, e nossos pensamentos são necessariamente representados, em nosso interior, por termos linguísticos. Tal visão, aplicada com rigidez a animais não linguísticos, nos obrigaria a negar que eles têm qualquer tipo de pensamento. Essa postura foi abrandada, e muitos filósofos já aceitariam que (alguns) animais não humanos têm pensamentos, mas de um tipo mais simples.

- É correto que toupeiras e outros animais considerados daninhos sejam envenenados, asfixiados ou exterminados de várias outras maneiras?
- É certo matar bilhões de animais como vacas e frangos para fornecer alimento para nós?

A maioria dos filósofos concorda que a consciência (em especial, a dor física) é crítica na hora de decidir que consideração moral deveríamos ter em relação aos animais. Se concordamos que alguns animais são capazes de sentir dor e que causar dor desnecessária é errado, devemos concluir que é errado infligir dor desnecessária a eles. Aprofundar o assunto – decidir, especificamente, o que poderia contar como justificativa adequada para infligir dor aos animais – torna-se então uma questão moralmente urgente.

Dentro da mente dos animais O que sabemos sobre o que se passa na cabeça dos animais? Eles têm sentimentos, pensamentos, crenças? São capazes de raciocínio? A verdade é que sabemos muito pouco so-

1785 Fins e meios

1788 Os animais têm direitos?

1912 Outras mentes

1974 Como é ser um morcego?

> **"Dizemos às vezes que os animais não falam por falta de capacidade mental. E isso significa: 'eles não pensam, por isso não falam'. Mas... eles simplesmente não falam. Melhor dizendo: eles não usam linguagem – se excluirmos as formas mais primitivas de linguagem."**
>
> Ludwig Wittgenstein, 1953

bre a consciência animal. Nossa falta de conhecimento nesse campo é, na verdade, uma versão generalizada do problema de não sabermos nada sobre outras mentes *humanas* (veja a página 48).

Não podemos, parece, saber com certeza se as outras pessoas experimentam as coisas da mesma maneira que nós ou, de fato, se experimentam qualquer coisa, por isso é pouco surpreendente que não estejamos em melhor situação (é provável que estejamos em pior) em relação aos animais não humanos.

No caso da mente dos humanos e dos animais, o melhor que podemos fazer é usar um argumento da analogia com o nosso próprio caso. Mamíferos parecem reagir à dor do mesmo modo que os humanos, encolhendo-se diante de uma fonte de dor, soltando gritos e gemidos etc. Em termos psicológicos, também existe uma uniformidade básica nos sistemas nervosos dos mamíferos; e semelhanças tam-

O cachorro de Crisipo

No mundo antigo, a opinião filosófica dividia-se em questionar quanto (ou se) os animais podiam pensar e raciocinar. Uma discussão muito interessante tratava do caso do cão de Crisipo. Atribuída a Crisipo, filósofo estoico do século III a.C., a história fala de um cão de caça que, ao perseguir uma presa, chega a uma trifurcação; sem conseguir encontrar o cheiro da presa nos dois primeiros caminhos, o cão segue o terceiro caminho sem maiores hesitações, tendo supostamente seguido o silogismo "A ou B ou C; nem A nem B, logo C". Tais casos de lógica canina não convenceram todos os filósofos que surgiram depois, e muitos classificam a racionalidade como a faculdade essencial que separa os humanos dos animais. Descartes, em particular, tinha péssima opinião sobre o intelecto animal, considerando os animais como quase autômatos, sem qualquer tipo de inteligência. A ideia de que a capacidade de sofrer é fundamental para que os animais sejam admitidos na comunidade moral – o critério mais invocado em recentes discussões sobre ética animal – foi expressa pelo filósofo utilitarista Jeremy Bentham: "A questão não é 'Eles conseguem raciocinar?' nem 'Eles podem falar?', mas 'Eles são capazes de sofrer?'"

> ### Experimentos com animais: são corretos e funcionam?
>
> A moralidade do uso de animais em pesquisas médicas e testes de produtos pode ser encarada de dois modos. O primeiro é perguntar se é correto tratarmos animais não humanos puramente como um meio para alcançar nossos próprios fins; se é ético causar sofrimento (assumindo que eles sofram) e infringir seus direitos (supondo que tenham direitos) para melhorar a nossa saúde, testar medicamentos; e assim por diante. Esse é um aspecto da grande questão concernente à postura moral que deveríamos adotar em relação aos animais (veja a página 108). A outra consideração é mais prática. Testar a toxicidade de um produto num rato só vale a pena (supondo-se que seja ético fazer isso) se ratos e homens forem suficientemente semelhantes em aspectos fisiológicos importantes a ponto de conclusões úteis para os humanos poderem ser tiradas de informações originadas de ratos. O problema é que a segunda consideração, pragmática, encoraja o uso de mamíferos superiores, como macacos e símios, porque estão fisiologicamente mais próximos dos humanos; mas é precisamente o uso de tais animais que tem mais probabilidade de despertar a mais séria objeção do ponto de vista ético.

bém são encontradas no código genético e na origem evolucionária. Dadas tantas similaridades, é plausível supor que também haveria semelhanças no campo da experiência subjetiva.

E, quanto maiores forem as similaridades fisiológicas e outros aspectos relevantes, é mais seguro supor que existem também similaridades na experiência subjetiva.

Desse modo, parecemos caminhar em terreno seguro ao tirar conclusões sobre nossos parentes mais próximos, macacos e símios; o terreno se torna mais pantanoso no que se refere a mamíferos mais distantes de nós, como ratos e toupeiras A analogia é mais fraca, mas ainda plausível no caso de outros vertebrados (aves, répteis, anfíbios e peixes) e torna-se precária quando falamos dos invertebrados (insetos, lesmas e águas-vivas). Não que tais animais não sejam conscientes, não sintam dor etc., mas é difícil fazer tal afirmação pensando numa analogia com a nossa própria consciência. A dificuldade é saber em que outros fatos poderíamos basear essa afirmação.

A ideia resumida: crueldade animal?

26 Os animais têm direitos?

A cada ano, em meados dos anos 2000, no mundo todo:

aproximadamente 50 milhões de animais são usados em pesquisas científicas e testes;

mais de 250 milhões de toneladas de carne são produzidas;

quase 200 milhões de toneladas de peixes e outros animais aquáticos são tiradas dos mares e rios.

Os números são aproximados (especialmente os das pesquisas, pois muitas não são registradas), mas é claro que um número enorme de animais é usado por ano no interesse dos humanos. Mais que "usado", muita gente – o número vem aumentando – diria "explorado" ou "sacrificado". Muitas pessoas consideram a utilização de animais como alimento ou material de pesquisa moralmente indefensável e uma violação dos direitos básicos dos animais.

A base dos direitos animais Que bases existem para dizer que os animais têm direitos? Um argumento comum, de caráter essencialmente utilitário, é o seguinte:

1. animais podem sentir dor;
2. o mundo é um lugar melhor se a dor não for infligida sem necessidade; logo
3. dor desnecessária não deve ser infligida aos animais.

A primeira premissa tem sido alvo de muitos debates recentes (veja a página 104). Parece bastante implausível que animais como símios e macacos, que se parecem conosco em tantos aspectos relevantes, não tenham a mesma capacidade que nós de sentir algo muito semelhante à dor que sentimos.

linha do tempo

c.250 a.C.
Os animais sentem dor?

1739 d.C.
A guilhotina de Hume

Contudo, também parece implausível que animais como esponjas e águas-vivas, que têm sistema nervoso muito simples, sintam algo remotamente similar à dor humana. A dificuldade então começa a ser descobrir os limites, e – como costuma ser o caso na definição de limites (veja a página 90) – é difícil evitar um forte sopro de arbitrariedade. Podemos estabelecer uma qualificação do tipo "*Alguns* animais podem sentir dor", mas um ponto de interrogação perturbador ainda paira sobre a questão. A segunda premissa pode parecer inatacável (*salvo* um ou outro masoquista), mas de novo existe o perigo de que ela se torne qualificada a ponto de ser considerada uma tolice. Alguns tentaram atacá-la dizendo que há uma diferença entre dor e sofrimento. Este último, alega-se, é uma emoção complexa que envolve a lembrança de dores passadas e a antecipação de uma dor futura, ao passo que a dor é apenas uma sensação fugaz no presente; é o sofrimento que conta quando se trata de considerações morais, mas os animais (ou alguns animais) só são capazes de sentir dor. Mesmo se permitíssemos tal distinção, contudo, parece pouco razoável afirmar que a dor não é algo ruim, mesmo que o sofrimento seja pior.

Muito mais problemática é a palavra "desnecessariamente" na segunda premissa. Não há nada que impeça um adversário de dizer que certo grau de dor animal é um preço justo a pagar para que os humanos tenham melhorias na saúde, produtos mais seguros etc. Sendo utilitarista, o argumento parece exigir algum tipo de cálculo da dor, trocando dor animal por benefícios para os humanos; mas o cálculo exigido – difícil, mesmo que apenas a dor humana estivesse envolvida – parece muito difícil de resolver quando a dor animal é acrescentada à equação.

Esse ataque às premissas inevitavelmente prejudica a conclusão. Deixando a caridade de lado, poderíamos concluir que não deveríamos causar dor a certos (alguns poucos, talvez) animais a menos que isso trouxesse algum (talvez mínimo) benefício aos humanos. Nesse contexto, "direitos animais" resumem-se

> **"Chegará o dia em que o restante da criação animal vai adquirir aqueles direitos que nunca poderiam ter sido tirados deles a não ser pela mão da tirania."**
>
> **Jeremy Bentham,** 1788

1785
Fins e meios

1788
Os animais têm direitos?

1954
Terrenos resvaladiços

(discutivelmente) ao direito de alguns animais de não serem obrigados a sentir dor a menos que isso traga algum benefício, mesmo que pequeno, aos humanos.

Os direitos estão corretos? Essa não é uma conclusão que deixa feliz os defensores dos direitos animais. Justificativas mais fortes e sofisticadas do que a versão delineada agora foram oferecidas,

Especismo

A maioria das pessoas não mantém outras pessoas em condições de imundície nem se alimenta delas; não testa substâncias químicas de efeito desconhecido em crianças; não modifica seres humanos geneticamente para estudar sua biologia. Existem fundamentos para que se faça tudo isso com os animais? Deve existir (argumentam os proponentes dos direitos animais) alguma justificação moralmente relevante para não dar aos interesses animais uma consideração igual à que é dada aos interesses humanos. Caso contrário, trata-se de intolerância, de um mero preconceito – discriminação com base na espécie, ou "especismo": uma falta básica de respeito pela dignidade e pelas necessidades dos animais não humanos, tão indefensável quanto o preconceito racial ou de gênero.

É obviamente errado favorecer a nossa própria espécie? Leões costumam mostrar mais consideração por outros leões que por javalis africanos; então por que os humanos não deveriam ser igualmente parciais? Há razões em defesa da parcialidade:

• humanos têm um maior grau de inteligência que os animais (têm ao menos um potencial maior de inteligência);
• a predação é natural (na natureza, animais comem outros animais);
• animais são criados para serem comidos/usados em experiências (e não existiriam se não fosse por isso);
• precisamos comer carne (embora milhões de pessoas aparentemente saudáveis não comam);
• animais não têm alma (mas podemos estar certos de que os humanos têm?).

É fácil se opor a essas justificações e, no geral, é difícil reunir critérios que englobem todos os humanos e excluam os animais. Por exemplo, se decidirmos que é o intelecto superior que conta, utilizaríamos esse critério para justificar o uso de uma criança ou de uma pessoa mentalmente retardada com o nível de inteligência abaixo do de um chimpanzé num experimento científico? Se nos decidirmos pelo que acontece "na natureza", logo veríamos que há coisas que os animais (inclusive os humanos) fazem naturalmente que não gostaríamos de encorajar: algumas vezes, os leões seguem seu instinto natural e matam os filhotes de outros leões rivais, mas um comportamento desses seria censurado nos humanos.

Os três Rs

Um intenso debate sobre o bem-estar e os direitos dos animais focam duas questões: se os animais devem ser usados em experiências e (em caso positivo) como devem ser tratados na prática. Como resultado, três princípios gerais, os "três Rs", são agora aceitos como diretrizes para técnicas experimentais mais humanas:

- **realizar**, sempre que possível, a substituição dos animais por outras alternativas;
- **reduzir** o número de animais usados em experiências a um nível consistente com a produção de dados estatísticos;
- **refinar** as técnicas experimentais para reduzir ou erradicar o sofrimento animal.

todas visando fornecer uma concepção menos fraca dos tipos de direitos que os animais poderiam ter. Enquanto o filósofo australiano Peter Singer tem defendido uma abordagem utilitarista da questão, uma linha deontológica advogada pelo norte-americano Tom Regan também tem se tornado influente. Segundo Regan, os animais – ou pelo menos os animais acima de certo grau de complexidade – são "sujeitos de uma vida"; é esse fator que lhes confere certos direitos básicos, que são violados quando um animal é tratado como uma fonte de carne ou substitui um humano numa experiência ou no teste de um produto. Desse modo, os direitos animais são poupados do tipo de análise de custo-benefício que pode ser tão prejudicial à visão utilitarista.

As dificuldades em sustentar uma ideia de direitos animais equivalentes a direitos humanos são consideráveis, e alguns filósofos têm questionado se é apropriado ou útil adotar a noção de direitos em si. Costuma-se supor que os que têm direitos também têm obrigações ou deveres; que falar em direitos pressupõe algum tipo de reciprocidade – o tipo que jamais poderia existir entre humanos e animais. Argumenta-se que existe uma questão real – o tratamento humano e apropriado dos animais – que fica em segundo plano ao ser provocantemente disfarçada na linguagem dos direitos.

A ideia condensada: os humanos estão errados?

27 Formas de argumentação

Argumentos são os tijolos com os quais se constroem as teorias filosóficas; a lógica é a palha que mantém os tijolos unidos. Boas ideias valem pouco, a menos que sejam sustentadas por bons argumentos – estes precisam ser justificados racionalmente, e isso não pode ser feito sem bases lógicas firmes e rigorosas. Argumentos apresentados com clareza estão abertos a avaliações e críticas, revisões e rejeição, e é esse processo contínuo de reação, revisão e rejeição que conduz o progresso filosófico.

Um argumento é um movimento racionalmente sancionado de fundamentos aceitos (*premissas*) para um ponto que será provado ou demonstrado (a *conclusão*). As premissas são as proposições básicas que devem ser aceitas, ao menos provisoriamente, para que um argumento possa ser desenvolvido. As premissas em si podem ser estabelecidas de vários modos, como uma simples questão de lógica ou com base em evidências (isto é, empiricamente), ou podem ser conclusões de argumentações prévias; não importa o caso, devem ser sustentadas, independentemente da conclusão, para evitar circularidade. O movimento das premissas até a conclusão é uma questão de *inferência*, cuja força determina a robustez do argumento. Distinguir as boas inferências das ruins é uma incumbência fundamental da lógica.

O papel da lógica Lógica é a ciência de analisar argumentos e de estabelecer princípios ou fundamentos com base nos quais podem ser feitas inferências sólidas. Sua preocupação não é com o conteúdo específico das argumentações, mas com sua estrutura e forma gerais.

Sendo assim, dado um argumento como "Todas as aves têm penas; o corvo é uma ave; logo, o corvo tem penas", o lógico abstrai a forma

linha do tempo

c.350 a.C.
Formas de argumentação

c.300 a.C.
O paradoxo de sorites

Lógica aristotélica e matemática

Até o final do século XIX, a ciência da lógica havia progredido, com poucos acréscimos, ao longo do caminho que Aristóteles estabelecera para ela mais de 2000 anos antes. O modelo ideal de raciocínio era o silogismo, uma inferência feita de três proposições (duas premissas e uma conclusão), sendo o mais famoso: "Todos os homens são mortais; gregos são homens; logo, todos os gregos são mortais".

Silogismos foram classificados à exaustão segundo sua "forma" e "figura", de tal modo que tipos válidos e inválidos podiam ser distinguidos. As limitações da lógica tradicional foram expostas decisivamente pelos estudos do matemático alemão Gottlob Frege, que apresentou noções de quantificadores e variáveis que são responsáveis pela maior abrangência e poder da lógica "matemática" moderna (assim chamada porque, ao contrário da lógica tradicional, é capaz de representar todo o raciocínio matemático).

"Todos os Fs são G; a é um F; logo, a é G", na qual os termos específicos são substituídos por símbolos e a força da inferência pode ser determinada independentemente do assunto em questão. Antes, o estudo da lógica estava focado primariamente em inferências simples desse tipo (*silogismos*), mas desde o início do século XX ele vem se transformando numa ferramenta analítica sutil e sofisticada.

Dedução O exemplo dado anteriormente ("Todas as aves têm penas...") é um argumento *dedutivo*. Nesse caso, a conclusão segue as (é acarretada pelas) premissas e o argumento é considerado "válido". Se as premissas de um argumento válido são verdadeiras, a conclusão terá a garantia de ser verdadeira, e o argumento é considerado "sólido". A conclusão de um argumento dedutivo está implícita em suas premissas; em outras palavras, a conclusão não "vai além" de suas premissas ou diz mais do que já está implícito nelas. Outra forma de explicar isso, e que revela o caráter lógico subjacente do argumento, é que você não pode aceitar as premissas e negar a conclusão sem se contradizer.

1670 d.C.
Fé e razão

1739
Ciência e pseudociência

1905
O rei da França é careca

> ### Paradoxo ou falácia?
>
> "O prisioneiro será enforcado ao amanhecer, no máximo até o próximo sábado, e não se saberá com antecedência o dia da execução da sentença." A situação parece ruim, mas o esperto prisioneiro tem pensamentos reconfortantes. "Meu enforcamento não será no sábado, pois se eu soubesse com antecedência em que dia seria eu ainda estaria vivo na sexta-feira. Então o último dia para eu ser enforcado é na sexta. Mas não pode ser, porque se eu soubesse disso ainda estaria vivo na quinta-feira..." Assim ele vai raciocinando e fica aliviado ao concluir que a execução não pode acontecer. O prisioneiro leva um susto ao ser, de fato, enforcado na quinta-feira seguinte.
>
> Paradoxo ou falácia? Bem, talvez os dois. A história (conhecida como o paradoxo da previsão) é paradoxal porque uma linha de raciocínio que na aparência é impecável leva a uma conclusão manifestamente falsa, como descobre o surpreso prisioneiro. Paradoxos, de modo típico, envolvem argumentos que parecem sólidos que levam a conclusões aparentemente contraditórias ou inaceitáveis. Às vezes, não há como evitar a conclusão, o que pode exigir um reexame de várias crenças e suposições consequentes; ou alguma falácia (erro de raciocínio) pode ser localizada no argumento em si. De qualquer modo, paradoxos demandam atenção porque apontam invariavelmente para confusões ou inconsistências em nossos conceitos e raciocínios.
>
> Alguns dos mais famosos paradoxos (muitos dos quais são discutidos nas páginas a seguir) têm sido surpreendentemente resistentes a uma solução e continuam a deixar os filósofos perplexos.

Indução Outra das principais maneiras de passar das premissas à conclusão é a indução. Num argumento *indutivo* típico, uma lei ou princípio geral é inferida de observações específicas de como as coisas são no mundo. Por exemplo, por meio de um certo número de observações que mostram que mamíferos dão à luz filhotes vivos, pode ser inferido, indutivamente, que todos os mamíferos fazem isso. Tal argumento não pode ser válido (no sentido em que um argumento dedutivo pode ser válido), pois sua conclusão não segue *necessariamente* suas premissas; em outras palavras, é possível que as premissas sejam verdadeiras, mas a conclusão seja falsa (como no exemplo dado, no qual a conclusão prova ser falsa pela existência de mamíferos que põem ovos, como o ornitorrinco). Isso acontece porque o raciocínio indutivo sempre vai além de suas premissas, o que nunca *acarreta* uma dada conclusão, apenas a apoia ou a torna provável até certo ponto. Então argumentos indutivos são generalizações ou extrapolações de vários tipos: do específico para o geral; do observado para o não observado;

de eventos ou circunstâncias passados e presentes para futuros.

O raciocínio indutivo é onipresente e indispensável. Seria impossível vivermos nossa vida cotidiana sem usar padrões observáveis e continuidades no passado e no presente para fazer previsões sobre como as coisas serão no futuro. De fato, leis e suposições da ciência costumam ser casos paradigmáticos de indução (veja página 136). Mas temos justificativas para fazer tais inferências? O filósofo escocês David Hume pensava que não – que não existe base *racional* para confiarmos na indução. O raciocínio indutivo, argumentava ele, pressupõe uma crença na "uniformidade da natureza", de acordo com a qual se presume que o futuro lembrará o passado quando ocorrerem condições similares relevantes. Mas que bases podem existir para que se suponha isso, a menos que sejam indutivas? E, se a suposta uniformidade da natureza só pode ser justificada dessa maneira, ela não pode em si – sem circularidade – ser usada em defesa da indução. De modo semelhante, alguns tentaram justificar a indução com base nos seus sucessos passados: basicamente, ela *funciona*. Mas a suposição de que continuará a funcionar no futuro só pode ser inferida *indutivamente* de seus sucessos passados, sendo assim o argumento não tem como decolar. Na própria visão de Hume, é impossível não raciocinarmos indutivamente (e ele não sugere que não deveríamos raciocinar dessa maneira), mas ele insiste que fazermos isso é uma questão de costume e hábito e não tem justificação racional. O chamado "problema da indução" que Hume deixou para trás, em especial por seu impacto sobre os fundamentos da ciência, continua sendo alvo de debates até hoje.

> **"Ao contrário"**, disse Tweedledee, "se foi assim, podia ser; e, se fosse assim, seria; mas como não é, não é. Isso é lógica."
>
> **Lewis Carroll,** 1871

A ideia condensada: raciocínio infalível?

28 O paradoxo do barbeiro

Numa cidade vive um barbeiro que barbeia todos os homens que não fazem a própria barba, e que só faz a barba de quem não barbeia a si próprio. Então quem faz a barba do barbeiro? Se ele se barbeia, não pode se barbear; se não se barbeia, faz a própria barba.

À primeira vista, o nó central no paradoxo do barbeiro pode não parecer difícil de desatar. Um cenário que a princípio parece plausível logo cai em contradição. A descrição aparentemente inocente do trabalho (um homem que "barbeia todos os homens que não fazem a própria barba, e que só faz a barba de quem não barbeia a si próprio") é na verdade logicamente impossível, uma vez que o barbeiro não pode, sem contradizer sua própria descrição, pertencer seja ao grupo dos que fazem a própria barba, seja ao grupo dos que não fazem. Um homem que se encaixe na descrição do barbeiro não pode (dentro da lógica) existir. Então não existe tal barbeiro: paradoxo resolvido.

> **"O truque da filosofia é começar por algo tão simples que nem parece digno de menção e terminar por algo tão complexo que ninguém entenda."**
>
> Bertrand Russell, 1918

O significado do paradoxo do barbeiro reside, na verdade, não em seu conteúdo, mas em sua forma. Estruturalmente, esse paradoxo é semelhante a outro, mais importante, conhecido como o paradoxo de Russell, que não se refere a cidadãos bem barbeados, mas a conjuntos matemáticos e seus conteúdos. Esse paradoxo provou ser bem mais difícil de resolver; de fato, não é exagero dizer que, um século atrás, ele foi responsável por solapar os fundamentos da matemática.

linha do tempo

c.350 a.C.	c.300 a.C.
Formas de argumentação	O paradoxo de sorites

Esta frase é falsa

O problema de autorreferência que reside no cerne do paradoxo do barbeiro e no paradoxo de Russell é partilhado por vários outros quebra-cabeças filosóficos bastante conhecidos. Talvez o mais famoso de todos seja o chamado "paradoxo do mentiroso", cuja origem remonta supostamente ao século VII a.C., quando o grego Epimênides – um cretense – teria dito "todos os cretenses são mentirosos". A versão mais simples é a sentença "Esta frase é falsa", que se for verdadeira é falsa e se for falsa é verdadeira. O paradoxo pode ser apreendido em duas sentenças: em um lado de um pedaço de papel – "A frase do outro lado é falsa"; do outro lado – "A frase do outro lado é verdadeira".

Nessa formulação, cada sentença em si é aparentemente irrepreensível; por isso, é difícil refutar o paradoxo como sendo sem sentido, como já sugeriram alguns.

Outra variação interessante é o paradoxo de Grelling, que envolve a noção de palavras autológicas (palavras que se autodescrevem), por exemplo, "hexassilábica", que tem em si seis sílabas; e palavras heterológicas (que não se descrevem), por exemplo, "longa", que em si é uma palavra curta. Todas as palavras devem ser de um tipo ou de outro, agora pense: a palavra "heterológica" é em si heterológica? Se for, não é; se não for, é. Parece que, no fim das contas, não há como fugir da barbearia.

Russel e a teoria dos conjuntos A ideia de conjuntos é fundamental para a matemática porque eles são os objetos mais puros que ela analisa. O método matemático envolve definir grupos (conjuntos) de elementos que satisfazem certos critérios, tal como o conjunto de todos os números reais maiores que um ou o conjunto de números primos; então, operações são efetuadas para que outras propriedades possam ser deduzidas sobre os elementos contidos em cada conjunto ou em conjuntos concernentes. De uma perspectiva filosófica, conjuntos despertam interesse específico porque o reconhecimento de que toda a matemática (números, relações, funções) poderia ser

> ## Clareza de pensamento
>
> Argumentos filosóficos costumam ser complexos e precisam ser expressos com grande precisão. Às vezes, filósofos deixam-se levar pela majestade de seu próprio intelecto, e tentar acompanhar os pensamentos deles pode parecer tão difícil quanto caminhar num pântano. Se você achava que as regras do críquete eram difíceis, veja se consegue entender o raciocínio de Bertrand Russell ao definir "o número de classes".
>
> *Este método é, para definir como o número de uma classe, a classe de todas as classes semelhantes a uma determinada classe. Ser membro dessa classe de classes (considerada como um predicado) é uma propriedade comum a todas as classes semelhantes e a nenhuma outra; além disso, todas as classes do conjunto de classes semelhantes têm com o conjunto uma relação que não tem com nada mais, e que cada classe tem com seu próprio conjunto. Assim, as condições são completamente preenchidas por essa classe de classes, que tem o mérito de ser determinada quando uma classe é dada, e de ser diferente para duas classes que não são semelhantes. Essa, então, é uma definição irrepreensível do número de uma classe em termos puramente lógicos.*

exaustivamente formulada dentro da teoria dos conjuntos estimulou a ambição de usar conjuntos para basear a matemática em fundamentos puramente lógicos.

No início do século XX, o matemático alemão Gottlob Frege tentava definir toda a aritmética em termos lógicos por meio da teoria dos conjuntos. Na época, presumia-se que não existiam restrições às condições que podiam ser usadas para definir conjuntos. O problema, reconhecido pelo filósofo inglês Bertrand Russell em 1901, centrava-se na questão de conjuntos membros de si mesmos. Alguns conjuntos têm a si mesmos como membros: por exemplo, o conjunto de objetos matemáticos é em si um objeto matemático. Outros não: o conjunto de números primos não é em si um número primo. Agora considere o conjunto de conjuntos que não são membros de si mesmos. Esse conjunto é membro de si mesmo? Se for, não é; e se não for, é. Em outras palavras, ser membro desse conjunto depende de não ser membro do conjunto. Uma contradição direta, e por essa razão um paradoxo (como o do barbeiro). No entanto, ao contrário do caso do barbeiro, não é possível simplesmente eliminar o conjunto problemático – não

> **"Um cientista dificilmente se depara com algo tão indesejável como ver um fundamento ruir quando o trabalho está terminado. Fui colocado nessa posição por uma carta do sr. Bertrand Russell quando o trabalho já estava quase impresso."**
>
> Gottlob Frege, 1903

sem abrir um rombo na teoria dos conjuntos como ela era entendida na época.

A existência de contradições no cerne da teoria dos conjuntos, exposta pelo paradoxo de Russell, mostrou que a definição matemática e o tratamento dos conjuntos eram fundamentalmente falhos. Dado que qualquer afirmação pode (logicamente) ser provada com base numa contradição, o que aconteceu a seguir – desastrosamente – foi que toda e qualquer prova, embora não necessariamente inválida, não podia ser reconhecida como válida. A matemática precisou ser reconstruída desde os seus fundamentos. A chave para a solução do problema reside na introdução de restrições relevantes aos princípios que governam a qualidade de membro de um conjunto. Russell não apenas expôs o problema, mas foi um dos primeiros a tentar encontrar uma solução, e, embora sua tentativa só tenha alcançado sucesso parcial, ele indicou a outros o caminho certo.

A ideia condensada: se for, não é se não for, é

29 A falácia do apostador

Pensamentos a mil por hora, Monty e Carlo olharam boquiabertos a crupiê começar a recolher as fichas. Nenhum deles havia apostado nas últimas rodadas, preferindo sentir o ritmo de jogo da mesa. Mas eles estavam cada vez mais impacientes conforme os números vermelhos saíam sem parar – cinco vezes seguidas, agora; eles não podiam esperar mais. "Você tem que estar por dentro para ganhar", pensaram os dois, sem muita originalidade...

...e se inclinarem sobre a mesa para colocar suas fichas. Monty pensou:

"Cinco vermelhos seguidos! Não vai sair um sexto. Quais seriam as chances de isso acontecer? Pela lei das probabilidades, agora vai sair um número preto".

No mesmo instante, Carlo pensou:

"Uau, o vermelho está quente! Não vou perder essa. Vai dar vermelho outra vez".

"Rien ne vas plus... Apostas encerradas", disse a crupiê.

Quem tem mais chance de ganhar, Monty ou Carlo? Talvez a resposta seja Carlo, provavelmente nenhum dos dois. O fato é que ambos – junto com talvez bilhões de pessoas reais ao longo da história (os primeiros dados encontrados são datados de cerca de 2750 a.C.) – são culpados de cair na falácia do apostador (ou falácia de Monte Carlo).

"Agora vai sair um número preto" Monty tem razão ao pensar que uma sequência de cinco números vermelhos é incomum: a probabilidade (numa mesa honesta e considerando-se os espaços ver-

linha do tempo

c.2750 a.C.
A falácia do apostador

des; veja box) é de 1 para 32; as chances de uma sequência de seis é ainda menor, 1 para 64. Mas essas probabilidades aplicam-se apenas no *início* da sequência, antes que a roleta comece a girar. O problema para Monty é que esse evento relativamente raro (cinco vermelhos em sequência) *já aconteceu* e não influencia mais a cor do próximo número; a probabilidade de sair outro vermelho é, como sempre, 1 em 2, ou 50:50. As roletas – como moedas e dados e bolas de loteria – não têm memória, portanto, não levam em consideração o que aconteceu no passado para poder equilibrar as coisas: a improbabilidade de qualquer evento ou sequência de eventos (desde que sejam aleatórios e independentes) não tem nada a ver com a probabilidade de um evento futuro. Supor outra coisa é cair na falácia do apostador.

> O erro de raciocínio na falácia do jogador é bem ilustrado pela história do homem que foi pego com uma bomba em um avião. "A chance de ter uma bomba dentro de um avião é mínima", explicou ele à polícia. "Imagine então a probabilidade de existirem duas!"

"O vermelho está quente!" Carlo vai ter melhor sorte? Talvez não. Como Monty, ele tentou prever o futuro com base em eventos que aparentemente não têm influência sobre ele. E, se os eventos

É impossível ganhar da casa

Jogos de cassino sempre incluem algum tipo de "vantagem da casa", o que significa que as probabilidades costumam ser ligeiramente favoráveis à banca. Por exemplo, na roleta existem um (na Europa) ou dois (nos Estados Unidos) espaços verdes, portanto, a chance de sair um número vermelho ou preto é um pouco menor que 1 em 2. Do mesmo modo, no *vinte e um* você tem que *ganhar* da banca; o 21 da banca ganha do 21 do jogador. Embora sempre seja possível um jogador solitário ganhar da casa, no geral e ao longo do tempo é inevitável que a casa saia vitoriosa.

1950 d.C.
O dilema do prisioneiro

1963
A teoria tripartite do conhecimento

> **"Sinto-me um fugitivo da lei das probabilidades."**
>
> Bill Mauldin, 1945

anteriores foram mesmo aleatórios, ele também será vítima da falácia do apostador. Mas essa falácia refere-se apenas a resultados genuinamente independentes. Se um cavalo, digamos, ganhar quatro corridas em sequência, essa pode ser uma boa evidência de que ele ganhará uma quinta. Se uma moeda der cara 20 vezes seguidas, o mais plausível é que a moeda seja viciada e não que um evento tão improvável tenha acontecido por pura sorte. Do mesmo modo, uma sequência de quatro vermelhos *poderia* indicar que a roleta estava viciada ou fraudada. No entanto, embora isso seja possível, quatro vermelhos em seguida não são raros e não bastam para concluir que há um problema com a roleta. Na falta de qualquer outra evidência, Carlo é tão ingênuo quanto Monty.

Se você apostou na loteria, comece a cavar...

Quais são as chances de os mesmos seis números saírem duas vezes seguidas na loteria nacional do Reino Unido? Cerca de 1 em 200.000.000.000.000 (200 trilhões). As chances de ganhar são mínimas, você teria de ser um pateta para escolher os mesmos números da semana passada outra vez... Talvez, mas você não seria mais pateta se escolhesse seis outros números. Esse é mais um caso da falácia do apostador: se um dado conjunto de números *já saiu*, as chances de que eles saiam de novo não é mais alta ou mais baixa que a de sair um conjunto diferente – cerca de 14 milhões para 1. Ou seja, para as pessoas que imaginam se a melhor estratégia é apostar sempre nos mesmos números ou trocá-los a cada semana, tanto faz – melhor ainda seria cavar um buraco no jardim em busca de um tesouro enterrado.

A lei das probabilidades

A "lei das probabilidades" costuma ser invocada para dar sustentação ao raciocínio falacioso do apostador. Ela afirma, *grosso modo*, que algo é mais provável de acontecer no futuro porque ocorreu com menos frequência que a esperada no passado (ou, ao contrário, é menos provável de ocorrer no futuro porque ocorreu com frequência no passado). Com base nisso, supõe-se que as coisas "vão entrar em equilíbrio ao longo do tempo".

A atração dessa lei fajuta deve-se em parte à sua semelhança com uma lei estatística verdadeira – a lei dos grandes números. De acordo com tal lei, se você jogar uma moeda não viciada um número pequeno de vezes, digamos 10 vezes, a ocorrência de "cara" pode desviar-se consideravelmente da média, que é 5; mas, se você jogar muitas vezes – digamos 1000 vezes –, a ocorrência de "cara" poderá ser mais próxima da média (500). Quanto maior o número de jogadas, mais próximo da média será o número de "cara". Portanto, numa série aleatória de eventos de igual probabilidade, é verdade que as coisas vão se equilibrar se a série se alongar o suficiente. Contudo, a lei estatística não influencia a probabilidade da ocorrência de qualquer evento; particularmente, um evento corrente não tem memória de qualquer desvio prévio da média e não pode alterar seu resultado final para corrigir um desequilíbrio anterior. Ou seja, o apostador não encontra consolo aqui.

A ideia condensada: contra as probabilidades

30 O paradoxo de sorites

Suponha (se precisar supor) que você tem muito cabelo. Isso significa que você provavelmente tem cerca de cem mil fios de cabelo. Agora arranque um deles. Você ficou careca? Claro que não. Um único fio não faz diferença. Com 99.999 fios você ainda tem muito cabelo.

De fato, todos concordaríamos que, se você não é careca, arrancar um único fio não o deixa careca. Mas, se você arrancar mais um fio, mais um, e mais um... Eventualmente, se continuar a arrancá-los, acabará sem nenhum e sem dúvida será careca. Ou seja, você passou de um estado de inquestionável não calvície para um estado de inquestionável calvície seguindo uma série de passos que, por si só, não teriam tido esse efeito. Então, quando foi que a mudança ocorreu?

Essa é uma versão do famoso quebra-cabeça chamado paradoxo de sorites, que costuma ser atribuído ao antigo filósofo grego, versado em lógica, Eubulides de Mileto. "Sorites" vem da palavra grega *soros*, que significa "monte", pois a formulação original do quebra-cabeça falava de um monte de areia. Expresso relativamente à adição (de grãos de areia) e não à subtração (de fios de cabelo), o argumento é:

1 grão de areia não forma um monte.
Se 1 grão não forma um monte, então 2 grãos também não.
Se 2 grãos não formam um monte, então 3 grãos também não.

[e assim por diante, até que...]

Se 99.999 grãos de areia não formam um monte, então 100.000 grãos também não.
Então 100.000 grãos de areia não formam um monte.

Mas ninguém aceitaria essa conclusão. O que pode ter dado errado?

linha do tempo

c.350 a.C.
Formas de argumentação

c.300 a.C.
O paradoxo de sorites

Problemas de vaguidão Diante de uma conclusão tão impalatável, é necessário rever o argumento que fez com que se chegasse a ela. Deve existir algo errado com as premissas nas quais se baseia o argumento ou algum erro de raciocínio. Na verdade, apesar de sua antiguidade, ainda não há um consenso claro sobre o melhor modo de tentar resolver esse paradoxo, e várias abordagens foram tentadas.

Uma maneira de resolver o paradoxo é insistir, como alguns fizeram, que existe um ponto a partir do qual adicionar um grão de areia faz diferença; que há um número preciso de grãos de areia que marca o limite entre um monte e um não monte. Se existe esse limite, nós o desconhecemos, e qualquer linha divisória sugerida parece completamente arbitrária: 1001 grãos, digamos, formam um monte, e 999 não formam? Essa é uma bofetada na cara do senso comum e nas nossas intuições partilhadas.

Mais promissor é examinar de perto um importante pressuposto subjacente ao argumento: a ideia de que o processo de construção por meio do qual o não monte se torna um monte pode ser completamente reduzido em uma série de adições distintas de grãos. É claro que há um número de tais adições distintas, mas também é claro que essas adições não são totalmente constitutivas do processo de construção do monte do início ao fim.

> **Lógica terminal**
>
> Fumantes com tendência semelhante à da avestruz são susceptíveis ao tipo de raciocínio falho subjacente ao paradoxo de sorites. O fumante raciocina, com certa plausibilidade, que "o próximo cigarro não vai me matar". Tendo estabelecido isso, ele segue sem esforço uma progressão sorítica que diz "o próximo depois do próximo não vai me matar". E assim por diante, mas infelizmente não *ad infinitum*. A provável verdade de que um único cigarro específico não matará o fumante (embora a soma dos cigarros fumados provavelmente irá matá-lo) representa uma vitória de Pirro para o fumante morto.

1901 d.C.	**1905**	**1953**
O paradoxo do barbeiro	O rei da França é careca	Ladeiras escorregadias

Lógica difusa

A lógica tradicional é bivalente, o que significa que apenas dois valores são permitidos: cada proposição deve ser verdadeira ou falsa. Mas a vaguidão inerente de muitos termos, aparente no paradoxo de sorites, sugere que esse requerimento é rígido demais se a lógica tiver de englobar o escopo completo e a complexidade natural da linguagem.

A lógica difusa, desenvolvida inicialmente pelo cientista da computação Lofti Zadeh, do Azerbaijão, permite imprecisão e verdades intermediárias. A verdade é apresentada como um *continuum* entre verdadeiro (1) e falso (0). Por exemplo, uma proposição "parcialmente verdadeira" ou "mais ou menos verdadeira" pode ser representada com um grau de verdade 0,8 e um grau de falsidade 0,2. A lógica difusa tem sido particularmente importante para pesquisas de IA (inteligência artificial), nas quais sistemas de controle "inteligentes" precisam saber responder a imprecisões e nuances da linguagem natural.

Essa análise errônea falha em reconhecer que a transição de não monte para monte é um *continuum*, portanto, não existe um instante preciso que possa ser apontado como o momento em que a transição ocorreu (para problemas semelhantes envolvendo vaguidão, veja a página 91). Isso, por sua vez, nos diz algo sobre toda uma classe de termos aos quais o paradoxo de sorites pode ser aplicado: não apenas monte e calvície, mas também alto, grande, rico, gordo e muitos outros.

Todos esses termos são essencialmente vagos, sem uma linha divisória nítida que os separe de seus opostos – baixo, pequeno, pobre, magro etc.

> **"Conforme a complexidade aumenta, afirmações precisas perdem significado e afirmações significativas perdem precisão."**
>
> **Lofti Zadeh, 1965**

> **"Não existem verdade inteiras; todas as verdades são meias verdades. Tratá-las como verdades inteiras é que faz mal."**
> Alfred North Whitehead, 1953

Uma consequência importante disso é que sempre existem casos limítrofes aos quais os termos não se aplicam com clareza. Por exemplo, embora existam pessoas que são obviamente carecas e outras que não são, existem muitas no terreno intermediário que, de acordo com o contexto e as circunstâncias, podem ser chamadas de careca ou não. Essa vaguidão inerente significa que nem sempre é apropriado dizer de uma frase como "X é careca" que ela é (inequivocamente) verdadeira ou falsa; melhor falando, existem graus de verdade. Isso cria de imediato uma tensão entre esses termos vagos que ocorrem na linguagem natural e na lógica clássica, que é *bivalente* (significando que cada proposição deve ser ou verdadeira ou falsa).

O conceito de vaguidão sugere que a lógica clássica deve ser revisada se quiser apreender por completo as nuances da linguagem natural. Por essa razão, tem havido um desenvolvimento da lógica difusa e de outras lógicas multivalorizadas (veja box).

A ideia condensada: quantos grãos de areia formam um monte?

31 O rei da França é careca

Suponha que eu lhe diga "o rei da França é careca". Posso parecer maluco, ou talvez apenas mal informado. Mas o que eu disse é falso? Se for falso, isso significa (de acordo com uma das leis da lógica) que o oposto – "o rei da França não é careca" – é verdadeiro. E isso não soa muito melhor. Ou talvez essas afirmações não sejam nem verdadeiras nem falsas – são apenas *nonsense*; no entanto, embora sejam coisas estranhas de se dizer, não parecem carecer de sentido.

Os filósofos se preocupam mesmo com questões desse tipo? Você pode achar que esse parece ser um caso de inventar sarna para se coçar. Pois bem, eles se preocupam, sim: nos últimos cem anos, muito trabalho cerebral filosófico foi dedicado ao rei da França, embora o país seja uma república há mais de dois séculos. Preocupação com esse quebra-cabeça e outros forneceram inspiração à teoria das descrições do filósofo britânico Bertrand Russell, que a tornou pública num influente artigo de 1905 intitulado "On Denoting". Essa teoria, entre vários outros trabalhos feitos por filósofos de língua inglesa no início do século XX, foi criada com base na crença de que uma minuciosa análise da linguagem e sua lógica subjacente é o melhor caminho – talvez o único – para se chegar a um conhecimento do mundo que possa ser descrito por meio do uso dessa linguagem.

Dois assuntos espinhosos O foco principal da teoria das descrições de Russell é uma categoria de termos linguísticos chamados de descrições definidas: "o primeiro homem na Lua"; "o menor número primo"; "a montanha mais alta do mundo"; "a atual rainha da Inglaterra". Com relação à forma gramatical, o tipo de sentença em que tais frases ocorrem – por exemplo, "o primeiro homem na Lua era

linha do tempo

*c.*350 a.C.	*c.*300 a.C.	1078 d.C.
Formas de argumentação	O paradoxo de sorites	O argumento ontológico

> **E assim "o pai de Charles II foi executado" se torna: "Nem sempre é falso no que se refere a x que x gerou Charles II e que x foi executado" e que "se y gerou Charles II, y é idêntico a x" é sempre verdadeiro no que se refere a y.**
>
> **Bertrand Russell, 1905**

norte-americano" – são similares às chamadas "sentenças sujeito-predicado", tais como "Neil Armstrong era americano". No último exemplo, "Neil Armstrong" é um nome próprio, que é referencial, pois se refere a, ou denota, um objeto específico (neste caso, um ser humano em particular) e depois atribui uma propriedade a ele (neste caso, a propriedade de ser norte-americano). Apesar de sua semelhança superficial com nomes próprios, existe um número de problemas que surgem do fato de se tratar descrições definidas como se fossem frases de referência. Providenciar soluções para esses quebra-cabeças foi uma das principais motivações por trás do artigo de Russell em 1905. Dois dos principais problemas enfrentados por Russell foram:

> Isso é óbvio quando você pensa no assunto...

1. Afirmações de identidade informativas

Se a e b são idênticos, qualquer propriedade de a é propriedade de b, e a pode ser substituído por b em qualquer sentença contendo este último sem afetar sua verdade ou falsidade. Pois bem, o rei George IV queria saber se Scott era autor de *Waverley*. Uma vez que Scott era, de fato, autor desse romance, podemos substituir "Scott" por "autor de *Waverley*" e assim descobrir que George IV queria saber se Scott era Scott.

Mas isso não parece ser o que o rei queria saber. "Scott é o autor de Waverley" é informativo de um modo que "Scott é Scott" não é.

1901	**1905**	**1953**
O paradoxo do barbeiro	O rei da França é careca	O besouro na caixa

> ### Angst existencial
>
> Muitas descrições definidas falham em denotar *o que quer que seja*. Por exemplo, poderíamos desejar dizer: "O número primo mais alto *não existe*". Mas claro que é absurdo afirmar sobre algo que esse algo não existe. É como afirmar que algo que existe não existe – uma contradição evidente. A reanálise que Russell faz de sentenças desse tipo explica como tais expressões não denotativas são significativas sem nos forçar a adquirir uma bagagem metafísica indesejada como, por exemplo, entidades não existentes. A (possível) bagagem mais controversa, é claro, é Deus; as falhas mais óbvias de um dos mais significativos argumentos para a existência de Deus (o argumento ontológico; veja a página 164) são evidenciados por uma análise russelliana.

2. Preservando as leis da lógica

Segundo a *lei do meio excluído* (uma lei da lógica clássica), se "A é B" é falso, "A não é B" deve ser verdadeiro. Assim, se a afirmação "o rei da França é careca" é falsa (como parece ser, se proferida no século XXI), a afirmação "o rei da França não é careca" deve ser verdadeira. Mas isso também parece ser falso. Se uma afirmação e sua negação são ambas falsas, a lógica parece ter sido fatalmente ferida.

A solução de Russell A solução para cada um desses quebra-cabeças, de acordo com Russell, é simplesmente parar de tratar as descrições exatas envolvidas como se fossem expressões de referência disfarçadas. As aparências, em casos assim, são enganadoras: embora as várias sentenças exemplificadas anteriormente tenham a forma *gramatical* de sentenças sujeito-predicado, elas não têm sua forma *lógica*; e é a estrutura lógica que deveria determinar se as sentenças são verdadeiras ou falsas e justificar qualquer inferência que possamos tirar delas.

Ao abandonar o modelo referencial sujeito-predicado, Russell propõe no lugar dele que sentenças contendo descrições claras deveriam ser tratadas como sentenças "existencialmente quantificadas". Assim, de acordo com sua análise, uma sentença de forma geral "F é G" pode ser dividida em três afirmações individuais: "Existe um F"; "nada além de uma coisa é o F"; e "se algo é um F, então é um G". Usando esse tipo de análise, Russell espertamente acaba com vários mistérios que circundavam as cabeças coroadas da Europa:

> **"Se enumerássemos as coisas que são calvas, e depois as coisas que não são calvas, não encontraríamos o atual rei da França em nenhuma das listas. Hegelianos, que amam uma síntese, provavelmente concluirão que ele usa uma peruca."**
>
> **Bertrand Russell, 1905**

1. "Scott é o autor de *Waverley*" é analisada como "Existe uma entidade, e apenas uma entidade, que é o autor de *Waverley*, e essa entidade é Scott". É claro que uma coisa é o rei George IV imaginar se isso é verdade; outra bem diferente é ele ficar pensando na insípida afirmação de identidade deduzida do modelo referencial.

2. "O atual rei da França é careca", na análise de Russell, transforma--se em "Existe uma entidade tal que só ela é agora rei da França, e tal entidade é careca"; isso é falso. A negação disso não é que o rei da França *não* é careca (o que também é falso), mas que "Não existe uma entidade tal que seja só ela rei da França, e que tal entidade é careca". Essa afirmação é verdadeira, portanto, a lei do meio excluído é preservada.

A ideia condensada: linguagem e lógica

32 O besouro na caixa

"Suponha que todos têm uma caixa com algo dentro a que chamamos de 'besouro'. Ninguém pode olhar o que há nas outras caixas, e cada um diz que sabe o que é um besouro unicamente olhando para dentro de sua caixa. Aqui seria possível afirmar que cada um tem uma coisa diferente em sua caixa. Alguém até poderia imaginar essa coisa mudando constantemente. Mas e se a palavra 'besouro' tivesse um uso na linguagem dessas pessoas? Nesse caso, ela não seria usada como nome de algo. A coisa dentro da caixa não teria lugar no jogo da linguagem, nem mesmo como algo, pois a caixa poderia até estar vazia... ela anula o algo, o que quer que ele seja."

O que você tem em mente quando diz "dor"? Você pode pensar que é óbvio: está se referindo a uma sensação específica entre as várias coisas que fazem parte da sua experiência subjetiva. Mas o filósofo austríaco Ludwig Wittgenstein afirma que isso não é – na verdade *não pode* ser – o que você está fazendo. Ele tenta explicar o porquê fazendo uma analogia com o besouro na caixa. Pense na sua experiência interior como uma caixa; você chama de "besouro" qualquer coisa que esteja na caixa. Todos têm uma caixa, mas cada um só pode olhar o que há na própria caixa, nunca o que há na caixa dos outros. Todos usam a palavra "besouro" quando se referem ao conteúdo da caixa deles; no entanto, é bem possível que as várias caixas contenham coisas diferentes, ou que estejam vazias. Por "besouro" as pessoas podem estar se referindo a "o que quer que esteja na caixa" e o conteúdo verdadeiro seja irrelevante ou não tenha nada a ver com o significado; o besouro em si, seja lá o que for, "deixa de ter importância".

linha do tempo

c.375 a.C
O que é arte?

c.350 a.C.
Formas de argumentação

Quando falamos sobre o que sentimos dentro de nós, usamos uma linguagem que é aprendida por meio do discurso *público* e é governada por regras *públicas*. Sensações internas, particulares, que estão além do escrutínio alheio, não podem participar dessa atividade essencialmente pública; quaisquer que sejam essas sensações, elas não têm nada a ver com o *significado* de palavras como dor.

> **"Olha para a sentença como um instrumento, e para o sentido dela como seu uso."**
> Ludwig Wittgenstein, 1953

O argumento da linguagem privada A analogia besouro-na-caixa foi apresentada por Wittgenstein no final de um dos mais influentes argumentos do século XX: o chamado "argumento da linguagem privada". Antes de Wittgenstein, uma visão comum (e de senso comum) da linguagem era que as palavras ganhavam significado ao representarem coisas que há no mundo; palavras são "denotativas" – são, basicamente, nomes ou rótulos que designam coisas por estarem ligadas a elas. No caso de sensações como a dor (diz a teoria), o processo de rotulagem acontece por uma espécie de introspecção, na qual uma experiência ou um evento mental específico é identificado e associado a uma palavra específica. Além disso, para filósofos como Descartes e Locke, que seguiram o "caminho das ideias" (veja a página 16) e segundo os quais *todo* o nosso contato com o mundo é mediado por representações interiores ou "ideias", o significado de *toda* linguagem deve ser basicamente dependente de um processo interior no qual cada palavra é associada a um ou outro objeto mental. O ponto principal do argumento da linguagem privada é negar que as palavras possam ganhar seu significado dessa forma.

Suponha (Wittgenstein nos convida a imaginar) que você decida registrar no seu diário, com a letra S, cada ocorrência de uma sensação específica; S é uma representação puramente interior que significa "a sensação que estou experimentando agora". Como você poderá dizer numa ocasião posterior se aplicou ou não o sinal de modo correto? A única coisa que fez com que a designação estivesse certa na primeira vez foi a sua decisão de que ela estaria certa; mas a única coisa que a torna correta numa ocasião subsequente é a decisão que você tomou antes. Em outras palavras, você pode decidir o que quiser; se a designação *parece* certa, está certa; e "isso só significa que aqui não pode-

1690 d.C.	1905	1953
O véu da percepção	O rei da França é careca	O besouro na caixa

> ### Ajudando a mosca a sair da garrafa
>
> As repercussões do argumento da linguagem privada de Wittgenstein espalharam-se muito além da filosofia da linguagem. Na primeira metade do século XX, a linguagem foi o foco de muitos estudos filosóficos, pois se supunha que os limites do conhecimento eram circunscritos pela linguagem: "sobre aquilo de que não se pode falar, deve-se calar", como disse o jovem Wittgenstein. Uma grande mudança na compreensão da linguagem deu então uma forte chacoalhada na filosofia como um todo. Tão importante quanto isso, porém, foi o impacto do trabalho de Wittgenstein no estilo e no método da filosofia.
>
> Wittgenstein acreditava que muito da filosofia moderna estava essencialmente incorreto, com base na má compreensão fundamental da linguagem – o pensamento errôneo desmascarado pelo argumento da linguagem privada. Filósofos, pensava ele, davam importância demais a formas particulares de expressão, e importância de menos ao uso da linguagem em interações sociais verdadeiras. Eles se habituaram a abstrair e generalizar para poder isolar problemas percebidos, que depois tentavam resolver; na verdade, eles criavam problemas para si mesmos, tudo porque a linguagem "sai de férias". O famoso conselho de Wittgenstein era buscar terapia (por meio da filosofia), não teoria. Filósofos, segundo ele, eram como moscas presas numa garrafa; seu trabalho era "tirar as moscas da garrafa".

mos falar de 'certo'". Não existe um "critério de correção" independente, conclui Wittgenstein, nada fora da experiência particular e específica de uma pessoa que funcione como padrão; é como se alguém protestasse "Mas eu sei o quanto sou alto!" e colocasse a mão no topo da cabeça para prová-lo. Uma vez que não há um modo não arbitrário de dizer se um sinal privado foi aplicado corretamente ou não, tal sinal não pode ter significado; e uma linguagem feita de tais sinais (uma "linguagem privada") não teria sentido, seria ininteligível até mesmo para quem a falasse.

Significado por meio do uso   As palavras não ganham significado, e não podem fazê-lo, do modo como supõe o modelo da "linguagem privada". Como adquirem significado, então? Naturalmente, já tendo demonstrado a impossibilidade da linguagem privada, Wittgenstein insiste na necessidade da linguagem *pública* – que as palavras só têm significado no "fluxo da vida". Longe de ser um processo misterioso oculto dentro de nós, o significado da linguagem reside, em vez disso, na superfície, no detalhe do uso pelo qual a fazemos passar.

O erro é supor que deveríamos descobrir o uso e o propósito da linguagem e *depois* cavar mais fundo para desenterrar – como um fato adicional – o seu significado. Significado é algo estabelecido *entre* os usuários da linguagem: a concordância sobre o significado de uma palavra é, em essência, a concordância sobre o seu uso. A linguagem é pública, entrelaçada no tecido da vida das pessoas que vivem juntas; partilhar uma linguagem é partilhar uma cultura de crenças e suposições e partilhar uma visão semelhante do mundo.

> **"Se um leão pudesse falar, nós não o entenderíamos."**
> Ludwig Wittgenstein, 1953

Para elaborar sua ideia de significado como uso, Wittgenstein apresenta a noção de "jogos de linguagem". Dominar uma linguagem consiste em ser capaz de fazer uso competente e hábil de palavras e expressões em vários contextos, dos campos técnicos e profissionais, mais estreitos, às amplas arenas sociais. Cada um desses diferentes contextos, amplos ou estreitos, constitui um jogo de linguagem diferente, ao qual se aplicam conjuntos específicos de regras; tais regras não são certas ou erradas, mas podem ser mais ou menos apropriadas para funções ou propósitos específicos na vida.

A ideia condensada: jogos de linguagem

33 Ciência e pseudociência

Fósseis são restos de criaturas que viveram no passado, que se petrificaram depois de sua morte e foram preservadas dentro de rochas. Dezenas de milhares de diferentes tipos de fósseis foram encontradas...

1. *...e variam de bactérias primitivas que viveram e morreram há 3,5 bilhões de anos até os humanos primitivos, que apareceram pela primeira vez na África cerca de 200.000 anos atrás. Fósseis e sua organização em camadas sucessivas de rocha são uma arca do tesouro com informações sobre o desenvolvimento da vida na Terra, mostrando como formas de vida posteriores evoluíram de formas mais antigas.*

2. *...e variam de simples bactérias aos seres humanos primitivos. Todas essas criaturas extintas, assim como todas as que estão vivas hoje, foram criadas por Deus num período de seis dias cerca de 6.000 anos atrás. A maioria dos animais fossilizados morreu num catastrófico dilúvio que ocorreu no mundo inteiro por volta de 1.000 anos depois.*

Duas visões dramaticamente opostas de como os fósseis foram formados e o que eles nos dizem. A primeira é uma visão bastante ortodoxa que poderia ser a de um geólogo ou paleontólogo da atualidade. A segunda poderia ser de um criacionista da Terra Jovem, que acredita que o relato bíblico da criação do universo conforme consta no Livro do Gênesis é verdadeiro. Nenhum deles tem muita simpatia pelo ponto de vista do outro: o criacionista acha que o cientista ortodoxo está radicalmente errado em muitos aspectos cruciais, sendo que o principal é acreditar na teoria da evolução por seleção natural; o cientista ortodoxo acha que o criacionista é movido pelo fervor religioso, talvez com motivação política, e com certeza está iludido se pensa que tem qualquer embasamento científico sério. Pois o criacio-

linha do tempo

c.350 a.C.
Formas de argumentação

c.1300 d.C.
A navalha de Occam

> **Se você estiver num buraco...**
>
> A sequência cronológica subjacente à evolução exige que nunca tenham ocorrido quaisquer inversões geológicas (fósseis que aparecem no estrato rochoso errado). Essa é uma hipótese inteiramente passível de testes e também de falsificações: precisamos apenas encontrar um único fóssil de dinossauro no mesmo estrato rochoso de um fóssil humano ou de um artefato e a evolução vai pelo ralo.
>
> Mas, entre todos os milhões de espécimes fósseis já descobertos, nem uma única inversão foi encontrada: há uma confirmação maciça da teoria. Para o criacionista, essa mesma evidência não tem muito peso. Entre as muitas tentativas desesperadas de refutar tais evidências, uma sugestão é a da "ação hidráulica classificatória", na qual a diferença de densidade, formato, tamanho corporal etc. supostamente provoca diferentes graus de afundamento, e, por causa disso, animais diferentes acabam ficando em camadas diferentes. Outra ideia é a de que os animais mais inteligentes estavam mais bem preparados para fugir para lugares mais altos e conseguiram escapar por mais tempo da morte por afogamento. Se você estiver num buraco geológico...

nismo, de acordo com a visão científica atual, é bobagem disfarçada de ciência – ou "pseudociência".

A ciência importa O que é a ciência exatamente? Precisamos de uma resposta clara para essa pergunta para diferenciarmos os impostores dos verdadeiros cientistas. De qualquer modo, a questão é importante – as pretensões da ciência são enormes e dificilmente podem ser exageradas. A vida humana sofreu transformações que a tornaram quase irreconhecível no espaço de algumas poucas centenas de anos: doenças devastadoras foram erradicadas; viagens que duravam semanas hoje podem ser feitas em horas; humanos pousaram na Lua; a estrutura subatômica da matéria foi revelada. Esses feitos e milhares de outros são creditados à ciência.

O poder transformador da ciência é tão vasto que a mera afirmação de que algo é "científico" costuma ser planejada para desencorajar análises ou avaliações críticas. Mas nem tudo que é desenvolvido pela ciência atual está além de críticas, e algumas afirmações feitas às margens da ciência – ou da pseudociência por trás delas – podem ser falsas, servir a interesses próprios ou ser inequivocamente perigosas. Desse modo, a capacidade de reconhecer a ciência verdadeira é crucial.

O método hipotético Geralmente se pensa que o "método científico" é hipotético: ele tem origem em informações obtidas pela observação e por outros meios e depois parte para a teoria, tentando criar hipóteses que expliquem as informações em questão. Uma hipótese bem-sucedida é aquela que passa em todos os testes e gera previsões que não poderiam ter sido antecipadas de outro modo. Assim, o movimento é da observação empírica para a generalização, e se a generalização é boa e sobrevive a exames prolongados, pode eventualmente ser aceita como uma "lei universal da natureza" da qual se espera que seja válida em circunstâncias semelhantes, independentemente de tempo e espaço. O problema dessa concepção de ciência, reconhecido 250 anos atrás por David Hume, é o chamado "problema da indução" (veja a página 115).

Falsificação

Uma resposta importante para o problema da indução foi dada pelo filósofo Karl Popper, nascido na Áustria. Ele sabia, em essência, que o problema não podia ser resolvido, então resolveu contorná-lo. Sugeriu que nenhuma teoria deveria ser considerada provada, não importa quantas evidências houvesse a seu favor; o melhor seria aceitar uma teoria até que se provasse a sua falsificação (ou ela fosse refutada). Desse modo, embora a observação de um milhão de ovelhas brancas não possa *confirmar* a hipótese geral de que todas as ovelhas são brancas, a observação de uma única ovelha preta é suficiente para falsificá-la. A falsificabilidade também era, segundo o ponto de vista de Popper, um critério por meio do qual seria possível distinguir a verdadeira ciência de seus imitadores. Uma teoria científica "com conteúdo" assume riscos, faz prognósticos ousados que podem ser testados até provarem estar corretos ou não; a pseudociência, ao contrário, não se arrisca e mantém as coisas vagas na esperança de evitar que a confrontem. O falsificacionismo ainda é influente, embora muitos não aceitem que exclua a indução da metodologia científica ou a relação simplista que assume entre as teorias científicas e a (supostamente neutra ou objetiva) evidência nas quais estão baseadas.

Subdeterminação da teoria pela evidência Outro modo de expressar o mesmo ponto de vista é dizer que uma teoria científica é sempre "indeterminada" pela evidência disponível: a evidência sozinha nunca é suficiente para nos permitir escolher uma teoria em detrimento de outra. Na verdade, a princípio qualquer número de teorias alternativas sempre pode ser feito para explicar ou "encaixar" um dado conjunto de informações. A questão, então, é se as várias qualificações e adições *ad hoc* necessárias para manter de pé uma teoria são mais do que ela pode suportar. Esse processo de ajustamento e refinamento faz parte da metodologia científica, mas, se o peso da evidência contra uma teoria é muito grande, pode não existir outra opção (racional) a não ser rejeitá-la.

O problema para o criacionismo é que existe um verdadeiro tsunami de evidências contra ele. Para citar só dois exemplos:

- a radiometria e outros métodos de datação que dão suporte à geologia, à antropologia e à ciência planetária precisariam ser descartados por completo para acomodar a cronologia da Terra Jovem;

- a organização estratificada dos fósseis nas rochas e a espetacular ausência de inversões (fósseis errados que aparecem em lugares errados) – forçosas evidências da evolução – requerem contorcionismos extravagantes dos criacionistas.

O criacionismo também apresenta uma série de problemas por si só. Por exemplo, uma quantidade gigantesca de água seria necessária para causar uma inundação global, mas até hoje nenhuma sugestão apresentada (queda de um cometa de gelo, camada de vapor na atmosfera, depósito subterrâneo etc.) foi remotamente plausível. Costuma-se dizer contra o criacionismo que ele não assume riscos – não faz as afirmações ousadas e falsificáveis que são características da verdadeira ciência. Talvez fosse mais justo dizer que o criacionismo faz afirmações fantasticamente arriscadas que não têm o suporte de qualquer tipo de evidência.

A ideia condensada: evidência falsificando hipóteses

34 Mudanças de paradigma

"Se enxerguei mais longe foi por estar sobre os ombros de gigantes." A famosa frase que Isaac Newton disse a seu colega cientista Robert Hooke capta com precisão uma visão popular dos avanços da ciência. O progresso científico é um processo cumulativo, supõe-se, no qual cada geração de cientistas desenvolve algo com base nas descobertas de seus predecessores: uma marcha colaborativa – gradual, metódica, inevitável – rumo a uma maior compreensão das leis naturais que governam o universo.

Uma imagem popular e atraente, talvez, mas enganosa, segundo o filósofo e historiador norte-americano Thomas S. Kuhn. Em seu influente livro de 1962, *Estrutura das revoluções científicas*, Kuhn faz um relato mais acidentado do desenvolvimento científico: uma história de progresso vacilante e intermitente pontuado por crises revolucionárias conhecidas como "mudanças de paradigma".

Ciência normal e revolucionária Num período do que se chamaria de "ciência normal", segundo Kuhn, uma comunidade de operários cientistas que pensam de modo semelhante trabalha dentro de uma estrutura conceitual ou de uma visão global chamada "paradigma". Um paradigma é um conjunto extenso e flexivelmente definido de ideias e suposições partilhadas: métodos e práticas comuns, diretrizes sobre tópicos de pesquisa e experimentação adequados, técnicas comprovadas e padrões de evidência aceitos, interpretações não questionadas que são passadas de geração a geração, e muito mais.

Cientistas que trabalham dentro de um paradigma não estão preocupados em se aventurar fora dele ou abrir novos caminhos; em vez dis-

linha do tempo

c.1300 d.C.
A navalha de Occam

1739
Ciência e pseudociência

Verdade científica e relativismo científico

Um elemento fundamental no desenho que Kuhn faz da mudança científica é que ela está culturalmente inserida num grande conjunto de fatores históricos e outros. Embora o próprio Kuhn quisesse distanciar-se de uma leitura relativista do seu trabalho, o relato que ele faz de como a ciência progride lança dúvidas sobre a própria noção de verdade científica e sobre a ideia de que o alvo da ciência é descobrir de modo objetivo fatos verdadeiros sobre como as coisas são no mundo. Pois que sentido faz falar de verdade científica quando cada comunidade científica estabelece os seus próprios objetivos e padrões de evidência e prova; filtra tudo por meio de uma rede de suposições e crenças existentes; toma suas próprias decisões sobre quais perguntas fazer e o que considera uma boa resposta? A opinião geral diz que a verdade de uma teoria científica é uma questão de quão bem ela resiste lado a lado com observações neutras e objetivas sobre o mundo. Mas, como Kuhn e outros demonstraram, não existem fatos "neutros"; não há uma linha divisória definida entre teoria e dados; cada observação traz sua "carga de teorias" – é coberta por uma grossa camada de crenças e teorias existentes.

so, estão engajados em resolver quebra-cabeças apresentados pelo esquema conceitual, resolvendo anomalias conforme elas surgem e gradualmente estendendo e garantindo os limites de seu domínio.

Um período de ciência normal pode durar muitas gerações, talvez séculos, mas cedo ou tarde os esforços dos que formam a comunidade criam uma massa de problemas e anomalias que começam a minar e desafiar o paradigma existente. Isso acaba por detonar uma crise que encoraja alguns a enxergar além da estrutura estabelecida e começar a imaginar um novo paradigma, e então acontece uma

1962

> ## Uso e abuso público
>
> O termo "mudança de paradigma", ao contrário de outros termos técnicos e acadêmicos, migrou sem esforço para o domínio público. A noção de mudança radical no modo como as pessoas pensam sobre as coisas e as enxergam é tão sugestivo e ressonante que o termo passou a ser usado em vários outros contextos.
>
> A invenção da pólvora marca uma mudança de paradigma na tecnologia militar; a penicilina, na tecnologia médica; turbinas, na aviação; raquetes de grafite, no tênis; e assim por diante. Ironicamente, é claro, o próprio trabalho de Kuhn representou uma mudança de paradigma no modo como a filosofia encarava o progresso da ciência.

mudança, uma migração de operários – que pode levar anos ou décadas – do velho paradigma para o novo. O exemplo favorito de Kuhn era a transição traumática da visão ptolomaica da Terra como centro do sistema solar para o sistema heliocêntrico de Copérnico. Outra mudança de paradigma sísmica ocorreu quando a mecânica newtoniana foi superada pela física quântica e a mecânica relativista no século XX.

> ## Os disparates de Kelvin
>
> Por sua natureza, mudanças de paradigma são boas para embaraçar as pessoas. Em 1900, num surpreendente momento de arrogância, o famoso físico britânico Lord Kelvin declarou: "Agora, não há mais nada novo para ser descoberto pela Física. Tudo o que nos resta são medições cada vez mais precisas". Apenas poucos anos mais tarde, as teorias de Einstein sobre a relatividade especial e geral e a nova teoria do *quantum* usurparam o trono ocupado pela mecânica newtoniana havia mais de dois séculos.

As descontinuidades e os deslocamentos exagerados presumidos pelas considerações de Kuhn significam que elas continuam controversas como tese histórica, mas mesmo assim provaram ter forte influência entre os filósofos da ciência. É de particular interesse a alegação de que paradigmas diferentes são "incomensuráveis" – as diferenças básicas em suas lógicas fundamentais significam que os resultados alcançados em um paradigma são efetivamente incompatíveis com outro paradigma, ou que é impossível testar os dois juntos. Por exemplo, embora possamos esperar que os "átomos" do filósofo grego Demócrito não possam ser comparados aos átomos decompostos por Ernest Rutherford, a incomensurabilidade sugere que os átomos de Rutherford também são

A desunião da ciência

Supõe-se há tempos que a ciência é um empreendimento essencialmente unificado. Parece razoável falar em "método científico" – um conjunto único, bem definido, de procedimentos e práticas que a princípio pode ser aplicado a várias e diferentes disciplinas científicas – e especular sobre a probabilidade de algum tipo de grande unificação das ciências, na qual todas as leis e todos os princípios ficariam juntos numa estrutura abrangente, completa e internamente consistente. A chave para tal unificação é, supostamente, um cômputo redutivo das ciências, a sugestão mais comum sendo a de submeter tudo à física. Estudos recentes, porém, ampliaram a apreciação da incrustação cultural e social das ciências e deram maior ênfase à desunião essencial da ciência. Com isso, veio a percepção de que a busca por um único método científico talvez não passe de um sonho.

diferentes dos que foram descritos pela mecânica quântica moderna. Essa descontinuidade lógica dentro da grande arquitetura da ciência corre contrária à visão que havia prevalecido antes da época de Kuhn. Antes, aceitava-se que o edifício do conhecimento científico fosse construído calma e racionalmente sobre alicerces erguidos por operários anteriores. De um só golpe, Kuhn varreu a ideia de progresso ordenado rumo a uma única verdade científica e colocou em seu lugar uma paisagem de objetivos e métodos científicos diversos, localmente determinados e muitas vezes conflitantes.

> **Não duvido, por exemplo, que a mecânica de Newton representa uma melhoria em relação à de Aristóteles e que a de Einstein representa uma melhoria em relação à de Newton como instrumentos para a solução de problemas. Mas não vejo na sua sucessão um caminho coerente de desenvolvimento ontológico.**
>
> **Thomas Kuhn, 1962**

A ideia condensada: ciência – evolução e revolução

35 A navalha de Occam

Os *crop circles*, também conhecidos como círculos ingleses ou círculos nas plantações, são padrões geométricos desenhados em plantações de trigo, cevada, centeio ou outras plantas amassadas. Tais formações, geralmente enormes e com desenhos intricados, têm sido encontradas em todo o mundo, em quantidades cada vez maiores, desde os anos 1970. Muito comentados na mídia, os *crop circles* já despertaram muita controvérsia sobre sua origem.

As teorias favoritas diziam que:

1. Os círculos marcavam o local de pouso de espaçonaves alienígenas, ou OVNIs, que deixavam marcas distintas no solo.

2. Os círculos haviam sido feitos por farsantes humanos que iam de noite às plantações, com cordas e outras ferramentas, para criar os desenhos e despertar o interesse e a especulação da mídia.

As duas explicações parecem se encaixar na evidência disponível, então como decidir em qual dessas ou de outras teorias disponíveis acreditar? Na ausência de outras informações, podemos fazer uma escolha racional de uma teoria em detrimento das outras? Segundo um princípio conhecido como a navalha de Occam, podemos: quando duas ou mais hipóteses são oferecidas para explicar um dado fenômeno, é razoável aceitar a mais simples – a que faz menos afirmações não fundamentadas. A Teoria 1 supõe que OVNIs existem, uma suposição que não tem evidências

> A navalha de Occam tem esse nome por causa de William de Occam, filósofo inglês do século XIV. A "navalha" vem da ideia de acabar com quaisquer suposições desnecessárias de uma teoria.

linha do tempo

*c.*350 a.C.	*c.*1300 d.C.	1637
Formas de argumentação	A navalha de Occam	A questão mente-corpo

Cavalos, não zebras

Às vezes, é tentador para os médicos, em especial para os médicos jovens, diagnosticar uma doença rara e estranha quando uma explicação mais comum e mundana é bem mais provável. Para acabar com essa tendência, os estudantes de medicina dos Estados Unidos recebem um conselho: "Quando ouvirem som de galope, não esperem ver uma zebra" – na maioria das vezes, o diagnóstico mais óbvio será o diagnóstico correto. Contudo, como em aplicações similares da navalha de Occam, a explicação mais simples não é necessariamente a correta, e qualquer médico que só veja cavalos deveria ser veterinário. Médicos dos Estados Unidos que trabalham na África precisam rever seus aforismos.

que a fundamentem. A Teoria 2 não menciona atividades paranormais; na verdade, supõe apenas um tipo de farsa pelo qual os humanos são conhecidos ao longo da história do mundo.

Então estaremos racionalmente justificados – por enquanto, e deixando em aberto a possibilidade de que surjam novas evidências – em acreditar que os círculos ingleses são feitos por farsantes humanos.

De fato, nesse caso a navalha de Occam é bem precisa. Sabemos que a Teoria 2 é a correta porque os farsantes já admitiram o que fazem. A navalha é sempre assim tão confiável?

Ambições e limitações Também conhecida como "princípio da parcimônia", a navalha de Occam é, na essência, uma injunção para que não se procure uma explicação complicada para algo quando houver uma solução mais simples. Se existem várias explicações alternativas, você deveria (outras coisas sendo iguais) favorecer a mais simples.

O princípio não afirma que a explicação mais simples é correta, diz apenas que é mais provável que seja verdadeira e por isso deveríamos preferi-la até que surjam razões para adotarmos alternativa mais elabo-

O princípio KISS

A navalha de Occam faz uma aparição um tanto imprópria na engenharia e em outros campos técnicos por meio do "princípio KISS". No desenvolvimento de programas de computador, por exemplo, parece existir uma atração irresistível por complexidade e especificação excessivas, o que se manifesta numa confusa coleção de "sinos e assobios" engenhosamente instalados, mas que costumam ser ignorados por 95% dos usuários finais.
A sigla do princípio cuja aplicação serve para evitar tais excessos significa "Keep It Simple, Stupid" (algo como "mantenha a simplicidade, estúpido").

rada. É, em resumo, uma regra geral, uma injunção metodológica, especialmente valiosa (supõe-se) ao direcionar os esforços de um cientista nos estágios iniciais de uma investigação.

A navalha em ação Embora não costume ser oficialmente mencionada, a navalha de Occam é usada com frequência em debates científicos e outros de cunho racional, incluindo muitos que aparecem neste livro.

A questão do cérebro numa cuba (veja a página 8) apresenta dois cenários rivais, ambos aparentemente compatíveis com as evidências disponíveis: somos seres humanos de verdade, num mundo de verdade, ou somos cérebros dentro de cubas. É racional acreditar mais no primeiro que no segundo cenário? Segundo a navalha de Occam, sim, porque o primeiro é mais *simples*: é um único mundo real contra um mundo virtual criado pela cuba, mais o aparato da cuba, cientistas malvados e tudo o mais. Mas nesse caso, como em outros, a questão é deslocada, não resolvida: como decidir então qual cenário é mais simples? Você pode, por exemplo, insistir que o número de objetos físicos é o que importa, e assim o mundo virtual é muito mais simples que o real.

De modo semelhante, a questão das outras mentes (veja a página 48) – o problema de como saber se outras pessoas têm mente – às vezes é posta de lado com um empurrãozinho da navalha: vários outros tipos de explicação são possíveis, mas é racional acreditar que as pessoas têm mente como a nossa porque atribuir pensamentos conscientes a elas é um jeito muito mais *simples* de explicar seu comportamento. De novo, porém, a navalha pode perder o fio diante de perguntas sobre o que é considerado simples pelos outros.

A navalha costuma ser usada contra diversas considerações dualistas, baseando-se no fato de ser mais simples não apresentar outra camada de realidade, mais um nível de explicação; e assim por diante.

Uma complexidade desnecessária – que pressupõe mundos físicos e mentais separados e depois luta para explicar como eles estão conectados – reside no cerne de muitas objeções ao dualismo cartesiano

> ### O asno de Buridan
>
> O uso sensato da navalha de Occam deveria facilitar uma escolha racional entre teorias rivais. O asno de Buridan – supostamente chamado assim por causa de Jean Buridan, pupilo de William de Occam – ilustra o perigo de racionalizar demais uma escolha. O asno em questão, encontrando-se a igual distância de dois montes de feno, não vê motivo para favorecer um monte e não o outro, então fica parado no meio deles e morre de fome. O erro do infeliz animal é supor que, não havendo razão para fazer uma coisa e não outra, é racional não fazer nada. É claro que, na verdade, é racional fazer *algo*, mesmo que esse algo não possa ser determinado por uma escolha racional.

mente-corpo. A navalha pode cortar uma camada da realidade, mas claro que não indica qual camada jogar fora. Atualmente os fisicalistas – aqueles que supõem que tudo (inclusive nós) está aberto, no fim das contas, a explicações físicas – formam a grande maioria, mas sempre existirá alguém como George Berkeley para seguir o outro caminho, o idealista (veja a página 19).

Uma navalha cega? A ideia de simplicidade pode ser interpretada de diferentes modos. A injunção é contra a introdução de entidades ou hipóteses não comprovadas? Estas são coisas bem diferentes: manter a quantidade e a complexidade de hipóteses num nível mínimo costuma ser considerado "elegante"; minimizar a quantidade e a complexidade de entidades é "parcimonioso". E essas afirmações podem se contradizer: introduzir uma entidade diferente desconhecida, como um planeta ou uma partícula subatômica, poderia fazer com que boa parte do andaime teórico despencasse. Mas, se existe uma incerteza tão fundamental sobre o significado da navalha, é racional esperar que ela sirva como um bom guia?

A ideia condensada: simplifique

36 O que é arte?

"Já vi e ouvi, até hoje, muito descaramento das classes baixas; mas nunca esperei ouvir um janota pedir duzentos guinéus por um pote de tinta jogado na cara do público." Foi assim, com essa frase infame, que o crítico vitoriano John Ruskin expressou sua condenação ao fantasmagórico *Noturno em preto e dourado*, pintado por James McNeill Whistler por volta de 1875. O processo por difamação que se seguiu levou a uma vitória nominal do artista – que recebeu uma indenização mínima –, mas na verdade deu-lhe muito mais: uma plataforma na qual defender o direito de expressão dos artistas, livres das amarras da crítica, e lançar o grito de guerra do esteticismo – "arte pela arte".

A incompreensão de Ruskin diante do quadro de Whistler não é incomum. Cada época que passa vê uma repetição da guerra entre artistas e críticos, na qual estes últimos – que costumam representar o gosto conservador do público – lançam gritos de horror e desdém contra os excessos de uma nova e assertiva geração de artistas. Na nossa própria época, testemunhamos o constante torcer de mãos dos críticos diante da última atrocidade artística: um tubarão em conserva, uma tela ensopada de urina, uma cama desfeita. O conflito é atemporal e não tem solução porque é motivado por uma discordância fundamental sobre a mais básica das questões: o que é arte?

Da representação à abstração As concepções de Ruskin e Whistler sobre as propriedades que uma obra de arte deve apresentar não têm nada em comum. No jargão filosófico, eles discordam sobre a natureza do valor estético, cuja análise constitui a questão principal na área da filosofia conhecida como estética.

Os gregos consideravam que a arte é uma representação ou um espelho da natureza. Para Platão, a realidade maior residia num reino de

linha do tempo

c.375 a.C.
O mito da caverna
O que é arte?

c.350 a.C.
Ética da virtude

Os olhos de quem vê

A pergunta mais básica e natural no campo da estética é saber se a beleza (ou qualquer outro valor estético) é inerente aos objetos aos quais é atribuída ou se, na verdade, está "neles". Os realistas (ou objetivistas) afirmam que a beleza é uma propriedade verdadeira que um objeto pode possuir e, ao possuí-la, é independente das crenças de quem a vê ou responde a ela; o *Davi* de Michelangelo seria bonito mesmo que não existissem seres humanos para julgá-lo belo (e mesmo que todos o julgassem feio). Um antirrealista (ou subjetivista) acredita que valores estéticos estão necessariamente ligados às respostas e julgamentos humanos. Como no caso da questão paralela que discute se o valor moral é objetivo ou subjetivo (veja a página 56), a absoluta estranheza da ideia de a beleza estar "lá fora no mundo", independentemente de observadores humanos, pode nos forçar a uma posição antirrealista – a acreditar que a beleza está, sim, nos olhos de quem vê. Ao mesmo tempo, nossas intuições apoiam fortemente a sensação de que há *algo* mais no fato de um objeto ser bonito do que o mero fato de o considerarmos bonito.

Parte do apoio dado a essas intuições vem da ideia de Kant sobre a validade universal: julgamentos estéticos são, na verdade, baseados apenas nas nossas respostas subjetivas e nos nossos sentimentos, não obstante tais respostas e sentimentos estarem tão entranhados na natureza humana que são válidos universalmente – é razoável esperar que qualquer humano considerado normal partilhe deles.

Ideias ou Formas perfeitas e imutáveis – inextricavelmente associadas aos conceitos de bondade e beleza (veja a página 12). Platão via obras de arte como um mero reflexo ou uma pobre imitação desses conceitos, inferiores e pouco confiáveis como caminho para a verdade; por isso, ele excluiu poetas e outros artistas de sua república ideal. Aristóteles partilhava da concepção de arte como representação, mas tinha uma visão mais complacente de seus objetos, considerando-os um complemento do que estava apenas em parte compreendido na natureza e, portanto, capazes de oferecer um *insight* sobre a essência universal das coisas.

1739 d.C.	**1946**	**1953**
A teoria abaixo/viva	A falácia intencional	O besouro na caixa

A teoria institucional

"Fizeram-me perguntas como '*Isto é arte?*' E eu respondi '*Bem, se isto não é arte... que diabos está fazendo numa galeria de arte e por que as pessoas estão vindo ver isto?*'"

Essa observação do artista britânico Tracey Emin ecoa a "teoria institucional" da arte, amplamente discutida desde os anos 1970. Essa teoria afirma que obras de arte só são consideradas como tal por terem recebido esse título de membros autorizados do mundo das artes (críticos, donos de galerias, os próprios artistas etc.). Embora influente, a teoria institucional apresenta alguns problemas, entre eles ser muito pouco informativa. Queremos saber *por que* obras de arte são consideradas valiosas. Membros do mundo das artes devem ter *razões* para fazer as considerações que fazem. Se não tiverem, que interesse há em suas opiniões? E, se tiverem, deveríamos estar mais bem informados sobre essas razões.

A ideia de arte como representação e sua associação próxima com a beleza imperou até o período moderno. Como reação a isso, certo número de pensadores do século XX propôs uma abordagem "formalista" da arte, na qual linha, cor e outras qualidades formais eram consideradas soberanas, e todas as outras considerações, incluindo os aspectos representativos, eram deixadas em segundo plano ou excluídas. Assim, a forma ganhou mais valor que o conteúdo, pavimentando o caminho para o abstracionismo que veio a ter papel mais dominante na arte ocidental. Em outro importante afastamento da representação, o expressionismo renunciou a qualquer coisa que lembrasse uma observação próxima do mundo em favor do exagero e da distorção, usando cores fortes e pouco naturais para expressar os sentimentos do artista. Instintivas e conscientemente não naturalistas, tais expressões da emoção e da experiência subjetivas do artista eram vistas como indicação das verdadeiras obras de arte.

Semelhança de família Um tema perene na filosofia ocidental desde Platão tem sido a busca de definições. Os diálogos socráticos, tipicamente, apresentam uma questão – o que é justiça, o que é conhecimento, o que é beleza – e depois mostram, por meio de uma série de perguntas e respostas, que os interlocutores (apesar de seu propagado conhecimento) não têm, na verdade, uma compreensão clara dos conceitos envolvidos. A suposição tácita é que o verdadeiro conhecimento de algo depende de sermos capazes de defini-lo, e é isso que aqueles que debatem com Sócrates (porta-voz de Platão) são incapazes de fazer.

E então nos deparamos com um paradoxo, pois aqueles que não podem fornecer uma definição de um dado conceito costumam ser capazes de reconhecer o que ele *não é*, o que exige que saibam, de algum modo, o que ele *é*. O conceito de arte nos coloca diante de um caso assim. Parece que sabemos o que é arte, mas temos dificuldade em definir as condições necessárias e suficientes para que algo seja considerado uma obra de arte. Em nossa perplexidade, talvez seja natural perguntar se a incumbência de criar uma definição não é, em si, mal concebida: uma caçada cujo objetivo é capturar algo que se recusa a cooperar.

> **Vemos uma rede complicada de semelhanças que se sobrepõem e se entrecruzam: às vezes, semelhanças gerais, às vezes, semelhanças nos detalhes.**
> **Ludwig Wittgenstein, 1953**

Uma saída para o labirinto é sugerida por Wittgenstein e sua noção de semelhanças de família, explicada na obra *Investigações filosóficas*, publicada após sua morte. Peguemos a palavra "jogo". Todos nós temos uma ideia do que são jogos: podemos dar exemplos, fazer comparações entre jogos diferentes, deliberar sobre casos limítrofes; e assim por diante. Mas surgem problemas quando tentamos ir mais fundo e procurar algum significado essencial ou definição que inclua todos os jogos existentes, pois não existe um denominador comum: há muitas coisas que os jogos têm em comum, mas não existe uma característica única que todos compartilhem. Em resumo, não há uma profundidade oculta ou um significado essencial: nossa compreensão da palavra é, nem mais nem menos, nossa capacidade de usá-la de modo adequado num amplo leque de contextos.

Se considerarmos que "arte", como "jogo", são palavras com semelhança de família, a maioria das nossas dificuldades evapora. Obras de arte têm muitas coisas em comum com outras obras de arte: podem expressar as emoções internas de um artista; podem destilar a essência da natureza; podem nos comover, assustar ou chocar. Mas, se tentarmos encontrar alguma característica que todas possuam, procuraremos em vão; qualquer tentativa de *definir* arte – de limitar um termo que é essencialmente fluido e dinâmico em seu uso – é um erro e está destinada ao fracasso.

A ideia condensada: valores estéticos

37 A falácia intencional

Muita gente considera Richard Wagner um dos maiores compositores que já existiram. Seu gênio criativo raramente é posto em dúvida; a constante procissão de peregrinos ao seu "templo" em Bayreuth é testemunha de seu enorme talento e contínuo encanto. Também além de qualquer dúvida está o fato de Wagner ter sido um homem excepcionalmente desagradável: muito arrogante e obcecado por si mesmo, sem escrúpulos na hora de explorar os outros, desleal com os que lhe eram mais próximos... uma lista infindável de defeitos e imperfeições. Além disso, seus pontos de vista eram piores que sua personalidade: intolerante, racista, virulentamente antissemita, advogado ferrenho da limpeza étnica que exigia a expulsão dos judeus da Alemanha.

Importa saber tudo isso? Será que nosso conhecimento do caráter, das disposições e crenças de Wagner tem qualquer relevância para a nossa compreensão e apreciação de sua música? Poderíamos supor que tais considerações são relevantes na medida em que informam sobre suas obras musicais ou as afetam; que saber o que o motivou a produzir um trabalho específico ou que intenções havia por trás de sua criação poderia nos levar a uma compreensão maior de seu propósito e significado. No entanto, de acordo com uma influente teoria crítica desenvolvida em meados do século XX, a interpretação de uma obra deveria focar apenas suas qualidades objetivas: deveríamos descartar totalmente quaisquer fatores externos ou extrínsecos (biográficos, históricos etc.) no que se refere ao autor do trabalho. O (suposto) erro de presumir que o significado e o valor de uma obra possam ser determinados por tais fatores é chamado "falácia intencional".

linha do tempo

c.375 a.C.
O que é arte?

c.350 a.C.
Ética da virtude

Obras públicas Embora a ideia tenha sido apresentada desde então em outras áreas, a procedência original da falácia intencional foi a crítica literária. O termo foi usado pela primeira vez em 1964, num ensaio de William Wimsatt e Monroe Beardsley, dois membros do movimento Nova Crítica que surgiu nos Estados Unidos na década de 1930. A preocupação principal dos novos críticos era que poemas e outros textos deviam ser tratados como independentes e autossuficientes; seu significado devia ser determinado apenas com base nas palavras em si – as intenções do autor, declaradas ou supostas, eram irrelevantes para o processo de interpretação.

Uma obra, depois de divulgada para o mundo, tornava-se um objeto público ao qual ninguém, nem mesmo o autor, tinha acesso privilegiado.

> **Não é necessário conhecer as intenções particulares do autor. A obra diz tudo.**
> Susan Sontag, n. 1933

A arte imoral pode ser boa?

Um debate de muitos anos na área da filosofia tem como foco decidir se a arte moralmente ruim pode ser boa em si (como arte). A questão tende a destacar figuras como Leni Riefenstahl, a cineasta alemã cujos documentários *Triunfo da vontade* (sobre um congresso em Nuremberg) e *Olympia* (sobre as Olimpíadas de Berlim em 1936) eram, na essência, propagandas nazistas, mas mesmo assim são considerados técnica e artisticamente brilhantes por muita gente. Os gregos antigos logo teriam deixado a questão de lado, pois para eles as noções de beleza e bondade moral estavam inextricavelmente ligadas, mas para os modernos a questão é mais preocupante. Os próprios artistas tendem a ser relativamente indulgentes, entre os quais o poeta Ezra Pound com um discurso típico: "A boa arte, mesmo 'imoral', é inteiramente uma coisa virtuosa. A boa arte não pode ser imoral. Por boa arte refiro-me à arte que presta testemunho da verdade".

1946 d.C.
A falácia intencional

Chamar a atenção para a falácia intencional não era uma questão puramente teórica: isso deveria servir como uma repreensão às tendências prevalecentes na crítica literária.

Certamente, no que se refere aos leitores comuns "não repreendidos", é claro que dependemos, sim, de todo tipo de fatores extrínsecos ao interpretarmos um texto; parece implausível supor que a nossa leitura de um livro sobre o tráfico de escravos não seria afetada caso soubés-

---

Fraudes, falsificações, detritos nas praias

Os perigos da falácia intencional nos previnem contra as intenções do criador na hora de considerar o valor e o significado de uma obra de arte. Mas, se somos forçados a olhar uma suposta obra de arte isoladamente, longe das intenções de seu autor, podemos ter dificuldade para conservar algumas distinções que nos deixariam pesarosos (ou no mínimo surpresos) se as perdêssemos.

Imagine uma falsificação perfeita de um Picasso – no estilo exato do mestre, primorosa até a última pincelada, e cuja autenticidade nem os especialistas colocariam em dúvida. Normalmente não daríamos valor a uma cópia, por melhor que fosse, pois não é obra de um mestre; é uma imitação, sem originalidade, sem gênio criativo. Mas, uma vez que a obra é separada de suas raízes, essas considerações todas não virariam conversa fiada? Um cínico poderia afirmar que conversa fiada é o mínimo que se poderia dizer: preferir o original em vez da cópia é uma mistura de esnobismo, ganância e fetichismo. A falácia intencional é um antídoto contra isso, um lembrete do verdadeiro valor da arte.

E se não existirem intenções a serem ignoradas – porque não existe um criador? Suponha que milhões de ondulações aleatórias do mar moldaram um pedaço de madeira numa linda escultura, perfeita quanto à cor, à textura, ao equilíbrio etc. Podemos valorizar uma peça assim, mas seria ela uma obra de arte – ou arte em si? Parece claro que não é um artefato. O que é então? E que valor tem? O fato de não ter sido produzida pela criatividade humana muda nosso modo de vê-la. Mas isso não é errado, caso a origem da peça seja irrelevante?

Por fim, suponha que o maior artista da atualidade selecione e apresente um balde e um esfregão numa galeria de arte. O faxineiro chega e por acaso coloca seu balde e seu esfregão, idênticos, ao lado da "obra de arte". O valor artístico, nesse caso, reside justamente no processo de seleção e apresentação. Nada mais diferencia os dois baldes e esfregões. Mas, se considerarmos apenas o caráter objetivo dos baldes e esfregões, existe alguma diferença real?

Esses pensamentos sugerem que talvez precisemos reavaliar nossa atitude em relação à arte. Existe um perigo verdadeiro de sermos ofuscados pelas roupas novas do imperador.

semos se o autor é africano ou europeu. É óbvio que saber se isso *deveria* ou não afetar nossa leitura é outra questão, mas talvez tenhamos de ser cautelosos quanto a ideias que nos afastam muito da prática comum. É realmente questionável se é possível, que dirá desejável, fazer uma separação tão completa entre a mente do autor e seus produtos. Dar sentido às ações de uma pessoa envolve, necessariamente, fazer conjecturas sobre suas intenções subjacentes; a interpretação de uma obra de arte não dependeria também, em parte, de fazer conjecturas e inferências semelhantes? No fim, é difícil engolir a ideia de que aquilo que um autor ou artista pretende com uma obra é *irrelevante* para o seu verdadeiro significado.

> **"O poema não pertence ao crítico nem ao autor (está desvinculado do autor desde sua origem e viaja pelo mundo fora do alcance de suas pretenções ou de seu controle). O poema pertence aos leitores."**
> **William Wimsatt e Monroe Beardsley, 1946**

A falácia afetiva Ao apreciarmos um texto ou uma obra de arte – em especial algo complexo, abstrato ou de algum modo desafiador –, esperamos que diferentes públicos respondam de modo diferente e formem opiniões diferentes. Esperamos que cada intérprete crie sua própria interpretação, e de certa forma cada uma dessas interpretações impõe um significado diferente à obra. Diante disso, o fato de que esses significados diversos não podem ter sido todos pretendidos pelo autor parecem dar sustentação à ideia da falácia intencional. No entanto, com seu imperturbável foco nas palavras em si, os novos críticos não estavam menos preocupados em excluir as reações e respostas do leitor na avaliação de uma obra literária. O erro de confundir o impacto que uma obra pode ter no seu público com o seu significado foi chamado por eles de "falácia afetiva". Dadas as incontáveis respostas subjetivas diferentes que pessoas diferentes podem dar, parece inútil conectá-las muito estreitamente ao significado da obra. Mas, de novo, poderia a nossa avaliação das qualidades supostamente objetivas de uma obra ser influenciada por sua capacidade de despertar respostas variadas do seu público?

A ideia condensada: significados na arte

38 O argumento do desígnio

"Olhem para o mundo ao redor, contemplem o todo e cada uma de suas partes: vocês verão que ele nada mais é do que uma grande máquina, subdividida em um número infinito de máquinas menores que, por sua vez, admitem novamente subdivisões em um grau que ultrapassa o que os sentidos e as faculdades humanas podem traçar e explicar. Todas essas diversas máquinas, e mesmo suas partes mais diminutas, ajustam-se umas às outras com uma precisão que desperta a admiração de todos aqueles que já as contemplaram. A curiosa adaptação dos meios aos fins em toda a natureza assemelha-se exatamente, embora os exceda em muito, aos produtos do engenho humano, do desígnio, do pensamento, da sabedoria e da inteligência...

...E como os efeitos são semelhantes uns aos outros, somos levados a inferir, portanto, em conformidade com todas as regras da analogia, que também as causas são semelhantes, e que o Autor da Natureza é de algum modo similar à mente humana, embora possuidor de faculdades muito mais vastas, proporcionais à grandeza da obra que ele executou. Por meio desse argumento *a posteriori*, e somente por meio dele, provamos, a um só tempo, a existência de uma Divindade e sua semelhança com a mente e a inteligência humanas."

Essa sucinta declaração do argumento do desígnio para a existência de Deus é colocada na boca de Cleanthes por David Hume em sua obra *Diálogos sobre a religião natural*, publicada postumamente em 1779. O propósito de Hume é configurar o argumento a fim de derrubá-lo novamente – e muitos consideram que ele fez um trabalho de demolição muito eficaz. É uma evidência, no entanto, da grande re-

linha do tempo

c.375 a.C.
O argumento do desígnio

c.300 a.C.
A questão do mal

sistência e do apelo intuitivo do argumento, que não só sobreviveu à época de Hume como continua a ressurgir em formas modificadas até hoje. Embora o argumento tenha alcançado, talvez, o auge de sua influência no século XVIII, suas origens remontam à Antiguidade e desde então ele nunca saiu de moda.

Como o argumento funciona
A força permanente do argumento do desígnio reside na poderosa e amplamente difundida

> **Propósito no mundo**
>
> O argumento do desígnio é também conhecido como "argumento teleológico" – derivado do grego *telos*, que significa "fim" ou "propósito", porque a ideia básica subjacente ao argumento é a de que o objetivo que (aparentemente) detectamos no funcionamento do mundo natural é evidência de que há um agente dedicado responsável por isso.

intuição de que a beleza, a ordem, a complexidade e o aparente propósito encontrados no mundo que nos rodeia não podem ser meros produtos de processos naturais aleatórios e sem sentido. Deve existir, imagina-se, algum agente com intelecto inconcebivelmente vasto e habilidade necessária para planejar e criar todas as maravilhas da natureza, tão primorosamente concebidas e modeladas para preencher seus vários papéis. Considere o olho humano, por exemplo: é tão intricadamente sofisticado, tão bem equipado para o seu propósito, que deve ter sido projetado para ser assim.

Vindo de alguma lista recomendada de exemplos de tão notáveis (evidentes) instrumentos na natureza, o argumento geralmente procede por analogia com artefatos humanos que demonstram com clareza a marca de seus criadores. Então, assim como um relógio, por exemplo, é artisticamente concebido e construído para um propósito específico e nos leva a inferir a existência de um relojoeiro, da mesma maneira os inúmeros sinais de aparente intenção e propósito no mundo natural nos levam a concluir que aqui também há um responsável pelo trabalho: um arquiteto à altura da incumbência de projetar as maravilhas do universo. E o único designer com poderes para tal tarefa é Deus.

Falhas no argumento Apesar de seu apelo perene, algumas objeções muito graves foram levantadas por Hume e outros contra o argumento do desígnio. As seguintes estão entre as mais prejudiciais.

1078 d.C.	**c. 1260**	**1670**
O argumento ontológico	O argumento cosmológico	Fé e razão

O relojoeiro divino e o cego

Em sua Teologia natural, de 1802, o teólogo William Paley estabeleceu uma das mais famosas exposições do argumento do desígnio. Se você encontrou um relógio em um matagal, inevitavelmente inferiu, pela complexidade e precisão da criação do objeto, que deve ter sido obra de um relojoeiro; da mesma maneira, quando observa os maravilhosos artifícios da natureza, é obrigado a concluir que eles também precisam ter um construtor – Deus. Aludindo à imagem de Paley, o biólogo britânico Richard Dawkins descreve o processo de seleção natural como o de um "relojoeiro cego", precisamente porque ele cria cegamente as estruturas complexas da natureza, sem qualquer previsão, propósito ou direcionamento.

- Um argumento por analogia funciona ao afirmar que duas coisas são suficientemente semelhantes em certos aspectos conhecidos, a ponto de justificar a suposição de que elas também se assemelham em outros aspectos desconhecidos. Os seres humanos e os chimpanzés são tão suficientemente semelhantes em fisiologia e comportamento que podemos supor (embora nunca possamos ter certeza) que, tal como nós, eles experimentam sensações como a dor. A força de um argumento analógico depende do grau de semelhança relevante entre o que se está comparando. Mas os pontos de semelhança entre artefatos humanos (por exemplo, câmeras) e objetos naturais (por exemplo, olhos de mamíferos) são na verdade relativamente poucos; portanto, quaisquer conclusões a que cheguemos por analogia entre eles é correspondentemente fraca.

- O argumento do desígnio parece ser vulnerável a um regresso infinito. Se a maravilhosa beleza e a organização do universo exigem um designer, esse universo de maravilhas *mais* o arquiteto por trás de tudo não exigem um designer maior ainda? Se precisamos de um designer, parece que precisamos de um superdesigner também, e, em seguida, de um supersuperdesigner, e depois... Assim, enquanto a negação de um retrocesso está no cerne do argumento cosmológico (veja a página 160), no argumento do desígnio a ameaça de um retrocesso parece simplesmente viciosa.

- A principal recomendação do argumento do desígnio é que ele explica como essas maravilhas da natureza – por exemplo, o olho humano – existem e funcionam tão bem. Mas justamente essas maravilhas e sua adequação aos fins são explicáveis com relação à teoria da evolução pela seleção natural de Darwin, sem qualquer intervenção

> ### Sintonia cósmica admirável
>
> Algumas variantes modernas do argumento do desígnio são baseadas na improbabilidade desconcertante de que todas as condições do universo fossem exatamente como deviam ser para que a vida pudesse se desenvolver e florescer. Se qualquer uma das muitas variáveis, como a força da gravidade ou o calor inicial da expansão do universo, tivesse sido apenas ligeiramente diferente, a vida não teria conseguido surgir. Em suma, parece haver evidência de uma sintonia cósmica admirável, tão precisa que devemos supor que foi o trabalho de um sintonizador imensamente poderoso.
> Mas o improvável acontece. É extremamente improvável que você ganhe sozinho na loteria, mas é possível; e, se você ganhasse, não presumiria que alguém tivesse manipulado o resultado a seu favor. Você crediraria isso à sua sorte extraordinária. Pode muito bem ser improvável que a vida tenha evoluído, mas foi só porque isso aconteceu que estamos aqui comentando como isso era improvável de ocorrer – e tirando conclusões errôneas acerca dessa improbabilidade!

sobrenatural feita por um designer inteligente. O relojoeiro divino, aparentemente, perdeu o emprego para o relojoeiro cego.

- Mesmo admitindo a hipótese do desígnio, há limitações sobre o quanto foi realmente reconhecido. Muitos dos "artefatos" da natureza podem sugerir um projeto em grupo, de modo que precisaríamos de uma equipe de deuses e certamente não estamos limitados a um. Quase todos os objetos naturais, ainda que em geral causem admiração, não são perfeitos nos detalhes; designs imperfeitos não seriam indicativos de um designer (não onipotente) não perfeito? A quantidade de maldade e de objetos do mal no mundo costuma colocar em dúvida a moral de seu criador. E, claro, não há nenhuma razão para supor que o designer, independentemente do bom trabalho que tenha feito, ainda esteja vivo.

A ideia condensada:
o relojoeiro divino

39 O argumento cosmológico

Pergunta: Por que existe algo em vez de nada?
Resposta: Deus.

Tais são o início e o fim do argumento cosmológico, e não há muita coisa no meio: um dos argumentos clássicos para a existência de Deus, e ao mesmo tempo um dos mais influentes e (alguns diriam) mais duvidosos argumentos da história da filosofia.

"Argumento cosmológico", na verdade, é um tipo de argumento, ou uma família de argumentos, em vez de um único argumento, mas todas as variantes são comparáveis em forma e têm a mesma motivação. Estão todos empiricamente fundamentados, baseados (na versão mais familiar) na observação aparentemente inquestionável de que tudo o que existe é causado por alguma outra coisa (veja box). Essa alguma outra coisa, por sua vez, é causada por outra coisa, essa por outra, e assim por diante. Para evitar voltar sempre em um regresso infinito, temos de alcançar uma causa que não tenha sido provocada em si por outra coisa: a primeira e não causada (ou "autocausada") causa de tudo, e esta é Deus.

Por que não há nada? Deixando de lado por um momento a consideração de seus méritos, deve-se admitir que o argumento cosmológico é uma resposta à pergunta talvez mais natural, básica e profunda que poderíamos fazer: por que alguma coisa existe?

Poderia não existir nada, mas há algo. Por quê? Como outros argumentos clássicos a favor da existência de Deus, o argumento cosmológico tem suas raízes na Antiguidade, e é a base para os três primeiros dos *Quinque Viae* (ou Cinco Caminhos) de Tomás de Aquino, um conjunto de cinco argumentos para a existência de Deus. Um

linha do tempo

c.375 a.C.	c.350 a.C.	1078 d.C.
O argumento do desígnio	Formas de argumentação	O argumento ontológico

cosmologista moderno que respondesse à pergunta "Por que algo existe?" sem dúvida faria referência ao *big bang*, a explosão cataclísmica de 13 ou mais bilhões de anos atrás, que deu origem ao universo – à energia, à matéria e até ao próprio tempo. Mas isso não ajuda muito – simplesmente nos obriga a reformular a pergunta: o que (ou quem) causou o *big bang*?

> **"Nossa experiência, em vez de fornecer um argumento para uma primeira causa, é contrária a ela."**
>
> J. S. Mill, 1870

Quando a porca torce o rabo O bom do argumento cosmológico é que ele aborda uma pergunta muito boa. Pelo menos o que parece ser uma pergunta muito boa, e certamente uma muito natural: por que nós (e o resto do universo) existimos? Será que o argumento cosmológico nos dá uma boa resposta? Há muitas razões para duvidar disso.

Variantes cosmológicas

A principal diferença entre as diferentes versões do argumento cosmológico reside no tipo específico de relação entre as coisas que elas focam. A versão mais familiar, às vezes conhecida como o argumento da primeira causa, tem uma relação causal ("toda coisa é causada por alguma outra coisa"), mas a relação pode ser de dependência, contingência, explicação ou inteligibilidade. A sequência de tais relações não pode ser prolongada indefinidamente, argumenta-se, e, para que ela seja concluída, o ponto de partida (ou seja, Deus) deve carecer das várias propriedades em questão. Então, de acordo com o argumento, Deus deve ser desprovido de causa (ou seja, causou a si mesmo); independente de todas as coisas; não contingente (ou seja, necessariamente existente – não se concebe que não existia); autoexplicativo; e inteligível sem referência a qualquer outra coisa. (Para simplificar, neste artigo o argumento é definido apenas quanto à relação causal.)

c. 1260	1670	1739
O argumento cosmológico	Fé e razão	Ciência e pseudociência

> ## O deus das lacunas
>
> Historicamente, um deus (ou deuses) muitas vezes tem sido invocado para explicar fenômenos da natureza que estão além do alcance da compreensão e do conhecimento humanos. Assim, por exemplo, numa época em que as causas físicas de acontecimentos meteorológicos como raios e trovões não eram compreendidas, era comum explicá-los por meio da ação ou da cólera divinas.
>
> Com o avanço da ciência e o progresso da compreensão humana, tais explicações caíram em desuso.
>
> Antes de Darwin propor a evolução das espécies por seleção natural, o "deus das lacunas" foi trazido para explicar a ordem aparentemente inexplicável e o desígnio evidente no mundo natural (veja a página 156).
>
> No caso do argumento cosmológico, Deus pode estar além da compreensão humana – além do nascimento do universo e do início do tempo. Em um reduto tão profundo, Deus pode estar fora do alcance da investigação científica. Mas a que custo? O reino dos céus tem, de fato, encolhido.

- A premissa aparentemente plausível na qual o argumento cosmológico se baseia – toda coisa é causada por alguma outra coisa – é fundamentada em nossa experiência de como as coisas são no mundo (ou no universo). O argumento, porém, nos pede para estender essa ideia para algo que está, por definição, *além* de nossa experiência, porque está fora do universo: ou seja, para aquilo que trouxe o universo à existência. Nossa experiência, certamente, não pode lançar luz sobre isso, e não é óbvio que o conceito seja coerente: o universo *significa* tudo o que existe, e seu início (se houve um) também marca o início dos tempos.

- Diante disso, a principal premissa do argumento (toda coisa é causada por alguma outra coisa) contradiz sua conclusão (alguma outra coisa – Deus – não tem causa). Para evitar isso, Deus deve estar fora do âmbito de "toda coisa", o que deve significar algo como "todas as coisas *na natureza*". Em outras palavras, Deus deve ser sobrenatural. Esse pode ser um resultado satisfatório para aqueles que já acreditam na conclusão a que o argumento deveria nos levar. Para outros – que são os que precisam ser convencidos –, ele apenas aumenta o mistério e alimenta a suspeita de que as bases do argumento são, em essência, incoerentes ou ininteligíveis.

- O argumento depende da noção de que um regresso infinito de causas é intolerável: a corrente deve terminar em algum lugar, e esse algum lugar é Deus, que é sem causa (ou causou a si mesmo). Mas a ideia de uma corrente infinita, que implica que o universo não teve princípio, é mesmo muito mais difícil de engolir do que a de algo sobrenatural em algum lugar fora do tempo?

- Mesmo que se permita que a corrente de causas acabe em algum lugar, por que aquela alguma coisa sem causa ou que causou a si mesma não pode ser o próprio universo? Se a ideia de causa que causou a si mesma é aceita, Deus se torna redundante.

- O argumento cosmológico nos obriga a conferir a Deus propriedades muito peculiares: que não tenha causa (ou seja, causou a si mesmo), que seja necessariamente existente, e assim por diante. Essas são, em si, propriedades altamente problemáticas e difíceis de interpretar. O que o argumento *não* prova (mesmo aceitando-se que ele prove alguma coisa) é que Deus possui as várias propriedades consistentes com a explicação teísta habitual: onipotência, onisciência, benevolência universal etc. O Deus que emerge do argumento cosmológico é muito estranho e debilitado.

Então, o que *deu origem* ao universo? O ponto principal do problema com o argumento cosmológico é que, se a resposta à pergunta "O que causou o universo?" é X (Deus, por exemplo, ou o *big bang*), é sempre possível dizer "Sim, mas o que causou X?". E, se a resposta é Y, ainda se pode perguntar: "O que causou Y?". A única maneira de interromper a sequência de perguntas que está voltando no tempo é insistir que X (ou Y ou Z) é de um tipo tão radicalmente diferente que a questão não pode ser formulada. E isso requer que algumas propriedades muito bizarras sejam atribuídas a X. Aqueles que estão relutantes em aceitar essa consequência podem ficar mais felizes em aceitar a implicação de estender a cadeia causal indefinidamente, ou seja, o universo não teria começo. Ou eles podem adotar a visão defendida por Bertrand Russell de que o universo é, em última análise, ininteligível, um fato puro e simples do qual não podemos falar com coerência ou não podemos discutir. Uma resposta insatisfatória, mas não pior do que outras disponíveis para a questão mais difícil de resolver que existe.

> **"O universo está aí, e isso é tudo."**
> Bertrand Russell, 1964

A ideia condensada: a primeira e não causada causa

40 O argumento ontológico

Tire um momento para apresentar ao seu paladar mental a maior castanha-de-caju que você possa imaginar: gorda, elegantemente curvada, bem salgada e, mais importante, a textura – crocante, mas macia por dentro. Todas as qualidades que fazem uma grande castanha-de-caju, cada uma presente na medida certa. Delícia! Conseguiu imaginar? Agora a boa notícia. Isso existe: essa castanha-de-caju requintada, que incorpora o mais alto grau de perfeição, realmente existe!

A castanha-de-caju que temos em mente é a melhor que se possa imaginar. Mas a castanha que existe na realidade é certamente uma castanha melhor do que aquela que existe apenas na mente. Então, se a castanha na qual pensamos só existisse em nossa mente, poderíamos pensar em uma castanha melhor – ou seja, aquela que existe em nossa mente e na realidade. Mas, se fosse assim, poderíamos imaginar uma castanha ainda melhor do que a melhor castanha imaginável: uma contradição. Assim, a castanha que temos em mente – a melhor castanha imaginável – realmente existe: a castanha imbatível deve existir, caso contrário não seria imbatível.

De castanhas a Deus   O que é bom para o caju é bom para Deus. Ao menos é o que sugere Santo Anselmo, o teólogo do século XI que fez a declaração clássica do argumento ontológico, um dos argumentos mais influentes no tocante à existência de Deus. Deixando de lado as castanhas-de-caju, Anselmo começa com a definição incontroversa (para ele) de Deus como um ser "do qual não se pode conceber nada maior". Agora podemos facilmente conceber Deus como tal, então Deus deve existir como uma ideia em nossa mente.

linha do tempo

c.375 a.C.
O argumento do desígnio

c.300 a.C.
A questão do mal

1078 d.C.
O argumento ontológico

Lógica modal e mundos possíveis

A segunda declaração de Santo Anselmo acerca do argumento ontológico procede tanto quanto a primeira, exceto que "existência" é substituída por "existência necessária": a ideia de que Deus não pode ser concebido *não* existe; é logicamente impossível que ele *não* deva existir.

A existência necessária tem inspirado uma série de tentativas recentes (notadamente por Alvin Plantinga) de refazer o argumento ontológico usando a lógica modal, na qual as ideias de possibilidade e necessidade são analisadas com relação a mundos possíveis logicamente. Por exemplo, vamos supor que "maximamente grande" significa "existe e é onipotente (etc.) em todos os mundos possíveis"; e vamos considerar que é minimamente possível que um ser maximamente grande exista (ou seja, há um mundo possível em que esse ser existe). Mas um ser existir em um mundo possível *implica* que ele existe em todos os mundos, de modo que ele existe necessariamente. Em vez de aceitar essa conclusão, podemos questionar as concessões que nos levaram até ela; em particular, a de que um ser maximamente grande possa existir em *qualquer* mundo possível. Mas negar essa possibilidade é dizer que um ser maximamente grande é autocontraditório. Então talvez Deus, concebido como um ser maximamente grande, não faça sentido?

Mas, se existisse apenas em nossa mente, poderíamos conceber um ser ainda maior – ou seja, que existisse em nossa mente e na realidade. Assim, sob pena de contradição, Deus deve existir não só em nossa mente, mas também na realidade.

Em contraste com a base empírica do argumento do desígnio e do argumento cosmológico, o argumento ontológico se propõe a provar, *a priori* e por uma questão de necessidade lógica, que a existência de Deus não pode ser negada sem contradição – que a própria ideia de Deus implica sua existência. Sabemos, pelo entendimento do significado do conceito envolvido, que um quadrado tem quatro lados; da mesma maneira, argumenta Santo Anselmo, pela compreensão do conceito de Deus sabemos que ele existe.

---

c.1260 — O argumento cosmológico

1670 — Fé e razão

1905 — O rei da França é careca

A ideia de Deus é incoerente?

Todas as versões do argumento ontológico dependem da ideia de que nos é possível conceber um ser do qual nada maior pode ser concebido. Se isso não é, de fato, possível – se o conceito de Deus acaba por ser ininteligível ou incoerente –, todo o argumento cai por terra. Se o argumento é para provar a existência de Deus como tradicionalmente concebido (onisciente, onipotente etc.), essas qualidades devem ser individualmente coerentes e conjuntamente compatíveis, e cada uma delas deve estar presente em Deus no mais alto grau possível. Está longe de ser claro que isso é possível. Um deus onipotente deve, por exemplo, ser capaz de criar seres com livre-arbítrio; um deus onisciente exclui a possibilidade de existirem tais seres. Parece que onisciência e onipotência não podem estar presentes, ao mesmo tempo, em um mesmo ser – uma dor de cabeça para a visão tradicional de Deus. Preocupações semelhantes sobre se a ideia de Deus, como concebido tradicionalmente, é coerente estão na raiz da questão do mal (veja a página 168).

Objeções ontológicas Como o argumento cosmológico, o argumento ontológico é na verdade uma família de argumentos que compartilham uma única ideia central. Todos são igualmente ambiciosos, pretendendo provar a existência de Deus como uma questão de necessidade – mas eles funcionam? A situação é complicada, já que diferentes variantes do argumento estão abertas a diferentes tipos de crítica. O próprio Santo Anselmo apresentou duas versões distintas – dentro da mesma obra. A versão já apresentada – a primeira formulação de Santo Anselmo acerca do argumento e sua afirmação clássica – é vulnerável a duas linhas relacionadas de ataque.

Um dos primeiros críticos de Santo Anselmo foi um contemporâneo chamado Gaunilo, monge da abadia de Marmoutier, na França. A preocupação de Gaunilo era a de que um argumento ontológico pudesse ser usado para provar a existência de *qualquer coisa*. Ele usava o exemplo de uma ilha perfeita, mas o argumento funciona também para castanhas-de-caju e até para o que não existe, como sereias ou centauros. É claro que, se uma forma de argumento pode provar a existência de algo que não existe, esse argumento tem sérios problemas. Para resistir a essa linha de ataque, o defensor do argumento ontológico deve explicar por que Deus é um caso especial – como ele difere, em aspectos relevantes, da castanha-de-caju. Alguns insistem que as qualidades ou "perfeições" nas quais reside a grandeza de Deus são literalmente perfectíveis (em princípio, capazes de atingir um grau mais elevado) de um modo que as propriedades de uma grande castanha-de-caju não são. Se Deus é capaz de fazer tudo que concebivelmente pode ser feito, é onipotente em um grau que não poderia ser ultrapassado de forma lógica;

ao passo que, se uma castanha-de-caju carnuda é uma grande castanha-de-caju, ainda assim se pode imaginar uma castanha ainda maior e mais carnuda. Ou seja, a própria ideia de uma castanha imaginável maior – em contraste com Deus, o maior ser imaginável – é incoerente. A conclusão disso é que, para que o argumento de Santo Anselmo funcione, seu conceito de Deus deve ser formado apenas por tais qualidades intrinsecamente perfectíveis. Ironicamente, a aparente incompatibilidade entre essas mesmas qualidades ameaça tornar o próprio conceito de Deus incoerente, minando todas as versões do argumento ontológico (veja box).

O problema de Gaunilo é com o embuste verbal – ele suspeita que Santo Anselmo tenha trazido Deus à existência por meio de uma definição. Uma preocupação básica semelhante é subjacente ao famoso ataque de Kant ao argumento, em sua *Crítica da razão pura*, de 1781. Sua objeção reside na implicação (explícita na influente reformulação de Descartes) de que a existência é uma propriedade que pode ser atribuída a algo como qualquer outro predicado. O argumento de Kant, plenamente justificado pela lógica do século XX (veja a página 116), é que dizer que Deus existe não é atribuir a propriedade da existência a ele (a par com propriedades como onipotência e onisciência), mas sim afirmar que existe de fato uma instância do conceito que possui essas propriedades; e a verdade dessa afirmação não pode ser determinada *a priori*, sem que se veja como as coisas realmente estão dispostas no mundo. Com efeito, a existência não é uma propriedade, mas um pré-requisito para se ter propriedades. Santo Anselmo e Descartes cometeram ambos um erro lógico, que fica claro se você considerar uma declaração como "Castanhas-de-caju que existem são mais saborosas do que as que não existem". Santo Anselmo dá um salto ilícito com base em um conceito para a instanciação desse outro conceito: em primeiro lugar, ele assume que a existência é uma propriedade que algo pode ou não ter; depois, declara que ter essa propriedade é melhor do que não ter; finalmente conclui que Deus, como o maior ser imaginável, deve ter tal propriedade. Mas todo esse belo edifício desmorona na hora, se o status de predicado for negado à existência.

> **"E certamente que aquele além do qual nada maior pode ser concebido não pode existir no entendimento sozinho: então ele pode ser concebido para existir na realidade, que é maior."**
>
> **Santo Anselmo de Cantuária, 1078**

A ideia condensada:
o maior ser imaginável

Religião

41 A questão do mal

Fome, assassinatos, terremotos, doenças – milhões de pessoas com o futuro arruinado, vidas jovens desnecessariamente ceifadas, crianças órfãs e desamparadas, morte dolorosa de jovens e adultos. Se com um clique você pudesse acabar com essa lista de misérias, você seria um monstro sem coração se não o fizesse. Mas supõe-se que exista um ser que poderia eliminar tudo isso num instante, um ser que é ilimitado em seu poder, conhecimento e excelência moral: Deus. O mal está em toda parte, mas como ele pode existir lado a lado com um deus que tem, por definição, a capacidade de exterminá-lo? Essa questão espinhosa é o núcleo da chamada "questão do mal".

A questão do mal é, sem dúvida, o mais grave desafio para aqueles que gostariam de nos fazer acreditar em Deus. Em confronto com uma terrível calamidade, a pergunta mais natural é "Como Deus pode permitir que isso aconteça?". A dificuldade em chegar a uma resposta pode testar seriamente a fé das pessoas atingidas.

Em 1984-85, a seca e a fome na Etiópia, agravadas pela instabilidade política, levaram mais de um milhão de pessoas a agonizar de fome até a morte.

Será que Deus é ignorante, impotente, malévolo ou não existe? A questão surge como uma consequência direta das qualidades que são atribuídas a Deus na tradição judaico-cristã. Essas propriedades são essenciais para a concepção-padrão de Deus e nenhuma pode ser retirada ou modificada sem causar danos devastadores a essa noção. Segundo o relato teísta tradicional:

linha do tempo

c.375 a.C.
O argumento do desígnio

c.300 a.C.
A questão do mal

O que é o mal?

Embora tenha se convencionado chamar esse problema de "a questão do mal", o termo "mal" não é inteiramente adequado. Nesse contexto, refere-se, de forma muito geral, a todas as coisas ruins que acontecem com as pessoas e que, em um extremo, são triviais demais para serem qualificadas como o mal normalmente concebido. A dor e o sofrimento em questão se devem a causas humanas e naturais. É comum falar de "mal moral" para tratar do sofrimento causado pelas ações imorais de seres humanos (assassinato, mentira etc.) e de "mal natural" para falar do sofrimento causado por fatores fora do controle humano (desastres naturais como terremotos e doenças não provocados pela atividade humana).

1. Deus é onisciente: sabe tudo o que é logicamente possível saber.
2. Deus é onipotente: é capaz de fazer qualquer coisa logicamente possível de fazer.
3. Deus é onibenevolente: é de uma benevolência universal e deseja fazer todo o bem que pode ser feito.

Com especial atenção para o problema do mal, as seguintes inferências podem plausivelmente ser feitas com base nessas três propriedades básicas:

4. Se Deus é onisciente, tem consciência plena de toda a dor e de todo o sofrimento que ocorrem.
5. Se Deus é onipotente, é capaz de impedir toda dor e todo sofrimento.
6. Se Deus é onibenevolente, deseja impedir toda a dor e todo sofrimento.

Se as proposições 4 a 6 são verdadeiras e se Deus (como definido pelas proposições 1 a 3) existe, então não haverá dor e so-

Em janeiro de 2007, Joshua DuRussel, 7 anos, de Michigan, Estados Unidos, morreu menos de um ano depois que os médicos descobriram nele um tumor cancerígeno raro e inoperável, que progressivamente destruiu seu tronco cerebral. De acordo com um funcionário da escola do menino, o jogador de beisebol que adorava animais "travou uma verdadeira luta, mas nunca perdeu a esperança e nunca se queixou".

---

c.400 d.C. — A defesa do livre-arbítrio
1078 d.C. — O argumento ontológico
1670 — Fé e razão

frimento no mundo, porque Deus terá seguido suas inclinações e impedido que ocorram. Mas há – manifestamente – dor e sofrimento no mundo, então temos de concluir ou que Deus não existe ou que ele não tem uma ou mais de uma das propriedades estabelecidas nas proposições 1 a 3. Em suma, a questão do mal parece conter a implicação, extremamente desagradável para o teísta, de que Deus não sabe o que está acontecendo, de que não se importa ou de que não pode fazer nada sobre isso; ou de que não existe.

> Em 8 de outubro de 2005, um terremoto de proporções catastróficas atingiu a região da Caxemira administrada pelo Paquistão, aniquilando numerosas cidades e aldeias. O número oficial de mortos chegou a cerca de 75 mil; mais de 100 mil pessoas ficaram feridas e mais de 3 milhões ficaram desabrigadas.

Esquivando-se das balas As tentativas de evitar essa conclusão devastadora envolvem minar algum ponto do argumento acima. Negar, em última análise, a existência de algo como o mal, como defendem os membros da Ciência Cristã, resolve o problema de uma vez só, mas a maioria das pessoas considera esse remédio muito difícil de engolir. Abandonar qualquer uma das três propriedades básicas atribuídas a Deus (limitar seu conhecimento, poder ou excelência moral) é uma ideia muito prejudicial para que a maioria dos teístas a aceite, então a estratégia usual é tentar explicar como o mal e Deus (com todas as suas proprie-

Dois problemas do mal

A questão do mal pode assumir duas formas bastante distintas, embora relacionadas. Na versão lógica (mais ou menos como apresentada na primeira parte deste capítulo), a impossibilidade de o mal e Deus coexistirem é demonstrada pelo argumento dedutivo: afirma-se que o caráter de Deus é incompatível com a ocorrência do mal e, portanto, a crença em Deus é irracional. A versão comprobatória da questão do mal é de fato uma inversão do argumento do desígnio (veja a página 156), que utiliza os horrores sem fim que acontecem no mundo como argumento a favor da improbabilidade de isso tudo ser criação de um deus todo-poderoso, todo amoroso. Essa segunda versão é muito menos ambiciosa que a versão lógica, pois apenas insiste que é improvável que Deus exista, mas, como resultado disso, é mais difícil de refutar. A versão lógica é formalmente derrotada por mostrar que a coexistência de Deus e do mal é meramente possível, ainda que possa ser considerada improvável. A versão comprobatória apresenta um desafio maior para o teísta, que tem de explicar como algum bem maior para os humanos pode emergir da lista de maldades que há no mundo.

dades intactas) podem de fato coexistir, no fim das contas.

Tais tentativas envolvem, na maioria das vezes, atacar a proposição 6, alegando haver "suficientes razões morais" pelas quais Deus não pode sempre optar por eliminar a dor e o sofrimento. E, subjacente a essa ideia, está o pressuposto de que, em certo sentido, é em nosso interesse, no longo prazo, que Deus deve fazer essa escolha. Em suma, a ocorrência do mal no mundo é, em última instância, boa: as coisas estão melhores para nós do que estariam se o mal não tivesse ocorrido.

> Em março de 2005, na Flórida, EUA, o corpo semidecomposto de Jessica Lunsford, 9 anos, foi encontrado enterrado em um pequeno buraco. Ela havia sufocado até a morte, depois de ter sido sequestrada e estuprada várias semanas antes por John Couey, 46 anos, um criminoso sexual já condenado.

Então exatamente que grande bem será conquistado à custa de dor e sofrimento humano? Talvez o mais poderoso revide para a questão do mal seja a chamada "defesa do livre-arbítrio", segundo a qual o sofrimento na terra é o preço que pagamos – e que vale a pena pagar – pela nossa liberdade de fazer escolhas genuínas sobre nossas ações (veja a página 172). Outra ideia importante é a de que o verdadeiro caráter moral e a virtude são forjados na bigorna do sofrimento humano: só pela superação de adversidades, pela ajuda aos oprimidos, pela oposição aos tiranos etc. é que o verdadeiro valor do santo ou do herói brilha como um farol. As tentativas de contornar o problema do mal tendem a enfrentar dificuldades quando procuram explicar a distribuição arbitrária e a própria escala do sofrimento humano. Muitas vezes é o inocente que sofre mais, enquanto o mau sai ileso; muitas vezes a quantidade de sofrimento é completamente desproporcional ao que poderia ser razoavelmente exigido para fins de construção do caráter. Diante de tanta miséria, o último recurso do teísta pode ser o de apelar para "Deus age de formas misteriosas" – seria insolência e arrogância dos seres humanos tentar adivinhar os propósitos e as intenções de um deus todo-poderoso, que tudo sabe. Este é de fato um apelo à fé – de que é irracional invocar a razão para explicar o funcionamento da vontade divina – e, como tal, tem poucas chances de influenciar aqueles que ainda não estão convencidos.

A ideia condensada: por que Deus deixa coisas ruins acontecerem?

42 A defesa do livre-arbítrio

A presença do mal no mundo oferece o mais grave desafio à ideia de que existe um Deus todo-poderoso, onisciente e todo amoroso. Mas o mal existe, dizem os teístas, porque fazemos nossas próprias escolhas. O livre-arbítrio humano é um dom divino de enorme valor, mas Deus não poderia nos ter dado esse presente sem o risco de abusarmos dele. Então, Deus não pode ser responsável por coisas ruins que acontecem, pois elas são nossa culpa e não devem ser usadas para lançar dúvidas sobre a existência de Deus.

A evidente existência do mal – o drama diário de dor e sofrimento que nos rodeia – sugere que, se no fim das contas há um Deus, ele está muito longe do ser perfeito descrito na tradição judaico-cristã. Em vez disso, estamos mais propensos a considerar um ser que não quer ou não pode impedir que coisas terríveis aconteçam e, portanto, um que é pouco merecedor do nosso respeito, que dirá da nossa adoração.

Tentativas de bloquear esse desafio precisam mostrar que existem de fato razões suficientes pelas quais um deus moralmente perfeito pode optar por permitir que o mal exista. Historicamente, a sugestão mais popular e influente é a chamada "defesa do livre-arbítrio". Nossa liberdade de fazer escolhas genuínas nos permite viver uma vida de valor moral verdadeiro e entrar em um relacionamento profundo de amor e confiança com Deus. Podemos, porém, abusar de nossa liberdade de fazer escolhas erradas. Era um risco que valia a pena correr, um preço que valia ser pago, mas Deus não poderia eliminar a possibilidade de baixeza moral sem nos privar de um dom maior – a capacidade de bondade moral.

linha do tempo

c.300 a.C.	c.400 a.C.	1078 d.C.
A questão do mal	A defesa do livre-arbítrio	O argumento ontológico

Apesar de sua longevidade e apelo perene, a defesa do livre-arbítrio enfrenta alguns problemas formidáveis.

Mal natural Talvez a dificuldade mais óbvia que a defesa do livre--arbítrio confronte seja a existência do mal natural no mundo. Mesmo que aceitemos que o livre-arbítrio é um bem tão precioso que vale a pena o custo do mal moral – as coisas ruins e odiosas que ocorrem quando as pessoas usam sua liberdade para fazer escolhas erradas –, que sentido possível podemos dar ao mal natural? Como Deus teria prejudicado ou diminuído nosso livre-arbítrio se houvesse de repente acabado com o vírus HIV, com as hemorroidas, os mosquitos, as enchentes e os terremotos? A gravidade dessa dificuldade é ilustrada por algumas das respostas teístas a ela: desastres naturais, doenças, pragas etc. são (literalmente) obra do diabo e de uma série de outros anjos caídos e demônios; ou tais aflições são "apenas" castigo divino por Adão e Eva terem cometido o pecado original no Jardim do Éden. A última solução remete todo mal natural para a primeira instância do mal moral e pretende, assim, exonerar Deus de qualquer culpa. Essa explicação não parece convincente. Não seria uma injustiça monstruosa Deus punir os tata(tatatata...)ranetos dos infratores originais?

E como aqueles que já foram julgados pelas ações de seus (distantes) antepassados se beneficiariam ao receber o livre-arbítrio?

Na cultura popular

Em 2002, no filme *Minority Report*, Tom Cruise interpreta o chefe de polícia John Anderton, da divisão de "pré-crime" de Washington DC. Anderton prende assassinos antes que eles cometam o crime, já que se acredita que suas ações podem ser previstas com certeza absoluta. Quando o próprio Anderton é acusado, ele se torna um fugitivo, incapaz de acreditar que é capaz de matar. No final, o pré-crime é desacreditado e, junto com ele, o determinismo, deixando intacta a fé dos telespectadores no livre-arbítrio.

1670
Fé e razão

1789
Teorias da punição

1976
É ruim ser azarado?

Somos realmente livres?

O problema do livre-arbítrio envolve conciliar a visão que temos de nós mesmos como agentes livres totalmente no controle de nossas ações com a compreensão determinista dessas ações (e de tudo mais) sugerida pela ciência. Simplificando, a ideia do determinismo é a de que todo evento tem uma causa anterior; todos os estados do mundo são necessitados ou determinados por um estado anterior, que é em si o efeito de uma sequência de outros estados anteriores. Mas, se todas as nossas ações e escolhas são determinadas dessa maneira, por uma série de eventos que se estendem para trás indefinidamente, para um tempo em que nem tínhamos nascido, como podemos ser vistos como os verdadeiros autores dessas ações e escolhas? E como podemos ser responsáveis por elas?

Toda a noção de que agimos livremente parece ser ameaçada pelo determinismo, e com isso nossa condição de seres morais. Esse é um tema significativo e profundo que provocou uma ampla gama de respostas filosóficas. Dentre elas, podemos destacar as seguintes:

- **Deterministas rígidos**
sustentam que o determinismo é verdadeiro e incompatível com o livre-arbítrio. Nossas ações são determinadas por causas, e a ideia de que somos livres, no sentido de que poderíamos ter agido de modo diferente, é ilusória. Censura moral e louvor, como normalmente concebidos, são inapropriados.

- **Deterministas flexíveis**
aceitam que o determinismo seja verdadeiro, mas negam que seja incompatível com o livre-arbítrio. O fato de que poderíamos ter agido de modo diferente se tivéssemos optado por isso dá uma noção satisfatória e suficiente de liberdade de ação. É irrelevante que a escolha seja determinada por uma causa; o importante é que ela não é forçada ou contrária aos nossos desejos. Uma ação que é livre nesse sentido está aberta a avaliações morais normais.

- **Libertários**
concordam que o determinismo é incompatível com o livre-arbítrio e, portanto, rejeitam o determinismo. A afirmação do determinismo flexível de que poderíamos ter agido de modo diferente se tivéssemos optado por isso é vazia, porque não ter feito tal opção foi determinado por uma causa (ou teria sido se o determinismo fosse verdadeiro). O libertário defende, assim, que o livre-arbítrio humano é real e que nossas escolhas e ações não são determinadas. O problema para os libertários é explicar como uma ação pode ocorrer indeterminadamente – em especial, como um acontecimento não causado pode evitar ser aleatório, visto que a aleatoriedade é tão prejudicial à ideia de responsabilidade moral quanto o determinismo. A suspeita é de que há um buraco profundo no âmago do libertarianismo; que o libertário enterrou outras explicações para a ação humana e pintou uma grande caixa preta em seu lugar.

> ### A salvadora teoria quântica?
>
> A maioria dos filósofos achou difícil resistir à ideia do determinismo, por isso eles aceitaram que o livre-arbítrio é ilusório ou lutaram bravamente para encontrar um jeito de se adaptar à ideia. Ao mesmo tempo, as tentativas dos libertários de explicar como os eventos podem ocorrer sem causa, ou indeterminadamente, tendem a parecer *ad hoc* ou simplesmente estranhas. Mas e se o libertário for ajudado pela mecânica quântica? Segundo essa teoria física, eventos no nível subatômico são indeterminados – questões de puro acaso que "simplesmente acontecem". Será que isso fornece uma maneira de se esquivar do determinismo? Na verdade, não. A essência da indeterminação quântica é a aleatoriedade, então a ideia de que nossas ações e escolhas são aleatórias, em algum nível profundo, não ajuda a salvar a noção de responsabilidade moral.

Deixando de lado a questão do mal natural, a defesa do livre-arbítrio vai, inevitavelmente, chocar-se com uma grande tempestade filosófica na forma da questão do livre-arbítrio em si. A defesa pressupõe que nossa capacidade de fazer escolhas é genuinamente livre no sentido mais amplo: quando decidimos fazer algo, nossa decisão não é determinada ou causada por qualquer fator externo a nós; a possibilidade de fazer outra coisa está aberta a nós. Essa consideração "libertária" do livre-arbítrio está bem de acordo com nosso senso diário do que acontece quando agimos e fazemos escolhas, mas muitos filósofos acham que é impossível sustentar essa posição diante do determinismo (veja box). E, claro, se a consideração libertária que fundamenta a defesa do livre-arbítrio é insustentável, a própria defesa imediatamente desmorona com ela.

A ideia condensada:
liberdade para errar

43 Fé e razão

Apesar de algumas heroicas tentativas recentes de revivê-los, a maioria dos filósofos concordaria que os argumentos tradicionais a favor da existência de Deus estão além da ressuscitação. A maioria dos crentes religiosos, porém, não se deixaria abalar por essa conclusão. Sua crença não depende de tais argumentos e com certeza não seria abalada por sua refutação.

Para eles, os padrões normais de discurso racional são inadequados quando se trata de assuntos religiosos. Especulações e raciocínios filosóficos abstratos não são a razão pela qual se tornaram crentes, e também não os fará perder a fé. Aliás, diriam eles, é arrogância supor que os nossos esforços intelectuais tornariam os propósitos de Deus visíveis ou compreensíveis para nós. Acreditar em Deus é, em última instância, uma questão de fé, e não de razão.

A fé pode ser cega, mas também não se trata de "apenas acreditar". Os que elevam a fé acima da razão – os chamados fideístas – asseguram que a fé é um caminho alternativo para a verdade e que, no caso da crença religiosa, é o caminho certo. Um estado de convicção alcançado por meio da ação de Deus na alma exige, de qualquer forma, um ato voluntário e deliberado de vontade do fiel; a fé requer um salto, mas não um salto no escuro. Os filósofos, em comparação, desejam fazer uma avaliação racional dos possíveis argumentos em favor da crença religiosa; querem peneirar e pesar as evidências para chegar a uma conclusão. Fideístas e filósofos parecem engajados em projetos radicalmente diferentes. Sem terem aparentemente nada em comum, existe alguma chance de que entrem em acordo ou cheguem a um consenso?

O balanço da fé em mãos fideísticas, o fato de a crença religiosa não poder ser defendida adequadamente em terreno racional é transformado em algo positivo. Se um caminho (completamente)

linha do tempo

c.375 a.C.
A teoria do comando divino

c.300 a.C.
A questão do mal

Abraão e Isaque

O abismo intransponível entre fé e razão é bem ilustrado pela história bíblica de Abraão e Isaque. Abraão é o exemplo arquetípico e paradigmático da fé religiosa por sua disposição inabalável de obedecer aos mandamentos de Deus, chegando ao ponto de aceitar sacrificar seu próprio filho, Isaque. Tirado do contexto religioso e analisado à luz da razão, no entanto, o comportamento de Abraão parece insano. Qualquer leitura alternativa da situação (fiquei louco/entendi mal/Deus está me testando/o demônio está se fingindo de Deus/posso ter o pedido por escrito?) seria preferível e mais plausível que a escolhida por Abraão, por isso o comportamento dele é irremediavelmente incompreensível para o não crente com tendências racionais.

racional fosse aberto, a fé não seria necessária, mas como a razão falha em providenciar uma justificação, a fé chega para preencher o vazio. O ato de vontade necessário ao crente adiciona mérito moral à aquisição da fé; e uma devoção que não questiona seu objeto é acatada, ao menos pelos que partilham dela, como piedade simples e honesta. Algumas das atrações da fé são bastante óbvias: a vida tem um significado claro, existe algum consolo para as tribulações da vida, os crentes se consolam sabendo que algo melhor os espera após a morte; e assim por diante. A crença religiosa resolve muitas das necessidades e preocupações básicas, primordiais, dos seres humanos, e muitas pessoas inegavelmente se tornam melhores e são até transformadas, ao adotarem um estilo de vida religioso. Ao mesmo tempo, os símbolos e ornamen-

> **Aquele que começa a amar o cristianismo mais que a verdade irá depois amar a sua própria seita ou igreja mais que o cristianismo, e terminará por amar a si mesmo mais que tudo.**
>
> Samuel Taylor Coleridge, 1825

1670 d.C.
Fé e razão

1739
Ciência e pseudociência

A aposta de Pascal

Imagine que acreditamos que a evidência para a existência de Deus não é conclusiva. O que devemos fazer? Podemos ou não acreditar em Deus. Se escolhemos acreditar e estivermos certos (isto é, Deus existe), ganhamos a bem-aventurança eterna; se estamos errados, perdemos pouco. Por outro lado, se escolhemos não acreditar e estivermos certos (isto é, Deus não existe), não perdemos nada, mas também não ganhamos muito; mas se estivermos errados, nossa perda é colossal – na melhor das hipóteses, perdemos a salvação eterna; na pior, sofreremos a danação eterna. Tanto a ganhar, tão pouco a perder: você seria tolo de não apostar na existência de Deus. Esse engenhoso argumento para se acreditar em Deus, conhecido como a aposta de Pascal, foi apresentado pelo matemático e filósofo francês Blaise Pascal em sua obra *Pensamentos*, de 1670. Engenhoso, sim, mas falho. Um problema óbvio é que o argumento exige que nós *decidamos* no que acreditar, e não é assim que a crença funciona. Pior que isso, porém, é que o impulso que nos leva a fazer a aposta em primeiro lugar é não termos informação suficiente sobre Deus para seguir adiante; no entanto, fazer a aposta certa depende de termos conhecimento do que agrada ou desagrada a Deus. O que acontece caso Deus não se aborreça por ser adorado, mas deteste gente calculista que faz apostas tendo em vista apenas os próprios interesses?

---

tos da religião têm proporcionado inspiração artística e enriquecimento cultural quase sem limites.

Vários dos fatos que seriam colocados pelos fideístas na lista de crédito da fé seriam colocados pelo filósofo ateu na lista de débitos. Entre os mais preciosos princípios do liberalismo secular, memoravelmente demonstrado por J. S. Mill, está a liberdade de pensamento e expressão, que não combina muito bem com o hábito de aquiescência não crítica louvado pelo crente religioso (veja box). A devoção inquestionável valorizada pelo fideísta pode parecer credulidade e superstição para o não crente. A pronta aceitação da autoridade pode levar as pessoas a sofrer a influência de seitas e cultos inescrupulosos, o que às vezes termina em fanatismo e excesso de zelo. Ter fé nos outros é admirável, desde que esses outros sejam em si admiráveis.

> **"Vamos pesar os prós e os contras de apostar na existência de Deus. Vamos calcular essas duas possibilidades: se você ganhar, ganha tudo; se perder, não perde nada. Aposte, então, sem hesitação, que Ele existe."**
>
> **Blaise Pascal, 1670**

J. S. Mill e a liberdade intelectual

Em sua obra de 1859, *Sobre a liberdade*, na qual faz um discurso apaixonado sobre a liberdade de expressão, John Stuart Mill fala sobre os perigos de uma cultura intelectualmente reprimida, na qual o questionamento e a crítica de opiniões recebidas são desencorajados e "os mais ativos e inquiridores intelectos" temem entrar na "livre e ousada especulação sobre os mais nobres assuntos". O desenvolvimento mental é restrito, a razão se curva, a própria verdade tem raízes fracas: "a verdadeira opinião permanece... como um preconceito, uma crença independente de argumentos e de provas contra os argumentos – esta não é a maneira pela qual a verdade deve ser sustentada por um ser racional... A verdade, assim sustentada, não passa de mais uma superstição, pendurando-se acidentalmente às palavras que enunciam uma verdade."

Quando a razão é excluída, muitos excessos podem vir correndo ocupar seu lugar; e é difícil negar que, em certos momentos e em certas religiões, o sentido religioso e a compaixão saíram voando pela janela e foram substituídos por intolerância, fanatismo, sexismo e coisas piores.

Então a folha de balanço é fechada, com as colunas de crédito e débito alinhadas, e com frequência o que aparece como ativo de um lado é visto como passivo do outro. Na medida em que diferentes métodos de contabilidade são usados, os balanços em si não têm significado, e essa costuma ser a impressão permanente que fica quando crentes e não crentes debatem entre si. Eles geralmente não se entendem, não conseguem estabelecer áreas de interesse comum e são incapazes de fazer com que o outro se mova um milímetro sequer. Os ateus provam para si mesmos com grande satisfação que a fé é irracional; os que creem veem tais supostas provas como irrelevantes. No fim, não importa se a fé é irracional ou não racional; desafiadora e orgulhosamente, ela se opõe à razão e, num certo sentido, é esse o seu objetivo.

> **"Acredito, logo compreendo."**
> Santo Agostinho, *c.*400

A ideia condensada:
um salto de fé

44 Liberdade positiva e negativa

A liberdade é uma daquelas coisas sobre as quais quase todo mundo concorda. É importante, é algo bom e é um dos ideais políticos mais importantes – talvez *o* mais importante. A liberdade é também uma daquelas coisas sobre as quais quase todo mundo discorda. Quanta liberdade devemos ter? É preciso restrição para a liberdade florescer? Como pode a sua liberdade para fazer uma coisa entrar em acordo com a minha liberdade para fazer outra coisa?

Já bastante complicada, a discussão sobre a liberdade é ainda mais dificultada pela divergência básica sobre a sua própria natureza. Existe uma suspeita de que ela pode não ser uma só – não apenas a palavra "liberdade" pode ter várias nuanças de significado como pode se referir a vários conceitos distintos, embora relacionados. Pela luz lançada sobre essa cena escura, devemos agradecer a Isaiah Berlin, influente filósofo letão do século XX. No centro de sua discussão sobre a liberdade, encontra-se uma distinção crucial entre liberdade positiva e negativa.

Dois conceitos de liberdade *George está sentado com um copo de conhaque à sua frente. Ninguém tem uma arma apontada para sua cabeça, dizendo-lhe para beber. Não há coerção ou impedimento – nada o força a beber, nada o impede de beber. Ele tem liberdade para fazer o que quiser. Mas George é alcoólatra. Sabe que a bebida é ruim para ele – pode até matá-lo. Ele pode perder amigos, família, filhos, emprego, dignidade, respeito próprio... Mas George não consegue evitar. Ergue a mão trêmula e leva o copo à boca.*

linha do tempo

c.1260 a.C. — Atos e omissões

1953 — O besouro na caixa

Aqui estão em jogo dois tipos diferentes de liberdade. Muitas vezes pensamos em liberdade como a ausência de restrição externa ou coação: você é livre, já que não há nenhum obstáculo impedindo-o de fazer o que quer. Isso é o que Berlin chama de "liberdade negativa": é negativa por ser definida pelo que está ausente – qualquer forma de restrição ou interferência externa. Nesse sentido, George, o alcoólatra, é totalmente livre. Mas George não consegue evitar. Ele é impelido a beber, mesmo sabendo que seria melhor se não o fizesse. Ele não está no controle total de si e seu destino não está totalmente em suas mãos. Na medida em que é levado a beber, não tem escolha e não é livre. O que falta a George é o que Berlin chama de "liberdade positiva" – positiva por ser definida pelo que precisa estar presente dentro de um agente (autocontrole, autonomia, capacidade de agir de acordo com aquilo que é racionalmente avaliado como sendo do melhor interesse de alguém). Nesse sentido, George obviamente não é livre.

Liberdade negativa Somos livres, no sentido negativo especificado por Berlin, na medida em que ninguém interfere com nossa capacidade de agir como bem entendemos. No exercício de nossa liberdade, porém, inevitavelmente pisamos no pé de alguém. Ao exercer minha liberdade de cantar alto durante o banho, nego a você a liberdade de desfrutar de uma noite tranquila. Ninguém pode gozar de total liberdade sem limitar a liberdade dos outros; por isso, quando as pessoas vivem em sociedade, é necessário certo grau de compromisso.

A posição adotada por liberais clássicos é definida pelo chamado "princípio do dano". Esse princípio, mais bem enunciado pelo filósofo vitoriano J. S. Mill em sua obra *Sobre a liberdade*, estipula que os indivíduos deveriam ser autorizados a agir de qualquer maneira que não traga danos a terceiros; apenas quando ocorre dano justifica-se que a sociedade imponha restrições. Desse modo, podemos definir um espaço de liberdade privada que é sagrado e imune a interferências e à autoridade externa. Nesse espaço, permite-se que os indivíduos satisfaçam seus gostos e inclinações pessoais sem obstáculos; em um sentido político, eles têm a liberdade de exercer direitos ou liberdades invioláveis – de expressão, de associação, de consciência, e assim por diante.

1959
Liberdade positiva e negativa

1971
O princípio da diferença

Embora a compreensão negativa da liberdade defendida pelos liberais seja geralmente dominante, nos países ocidentais, pelo menos, muitas questões espinhosas permanecem. Podemos perguntar, por exemplo, se merece esse nome a liberdade desfrutada por quem não tem nem a capacidade nem os recursos para fazer o que é "livre" para fazer. Essa é a sombra da liberdade que deixa qualquer cidadão dos Estados Unidos livre para se tornar presidente – não há nenhuma barreira legal ou constitucional para isso, e todos os cidadãos são, nessa medida, livres para se candidatarem ao cargo, mas na verdade muitos são barrados da corrida presidencial por não terem os recursos necessários com relação a dinheiro, educação e status social. Em suma, falta a eles a liberdade *substantiva* para exercer os direitos que *formalmente* possuem. Para sanar essas deficiências a fim de transformar a liberdade meramente formal em liberdade verdadeira, substantiva, o liberal preocupado com questões sociais pode ser obrigado a endossar formas de intervenção estatal que parecem mais apropriadas à interpretação positiva de liberdade.

Liberdade positiva Liberdade negativa é estar livre *da* interferência externa, ao passo que a liberdade positiva é geralmente caracterizada como a liberdade *para* alcançar certos fins, como uma forma de empoderamento que permite que um indivíduo realize seu potencial, atinja uma visão própria de autorrealização, alcance um estado de autonomia pessoal e de autodomínio. Em um sentido político mais amplo, a liberdade nesse sentido positivo é vista como libertação das pressões culturais e sociais que, de outra maneira, impediriam o progresso em direção à autorrealização.

A liberdade negativa é essencialmente interpessoal, existindo como uma relação entre as pessoas, ao passo que a liberdade positiva é intrapessoal – algo que se desenvolve e é alimentado dentro de um indivíduo. Assim como existe dentro de George, o alcoólatra, um conflito entre seu lado mais racional e seus apetites mais básicos, da mesma maneira o conceito positivo de liberdade pressupõe uma divisão do eu (*self*) em partes superiores e inferiores. A realização da liberdade é marcada pelo triunfo da parte do eu superior (moral e racionalmente) preferível.

Era em parte por causa desse conceito de um *self* dividido, o qual Berlin sentia que estava implícito na compreensão positiva de liberdade, que ele era tão cauteloso em relação a isso. Voltando a George: presume-se que a parte dele que entende seus melhores interesses é a

> **"O sujeito – uma pessoa ou grupo de pessoas – é ou deve ter a permissão de fazer ou ser o que é capaz de fazer ou ser sem a interferência de outras pessoas."**
>
> Isaiah Berlin, 1959

O abuso da liberdade

"Ó liberdade! Quantos crimes se cometem em teu nome!" – exclamou Madame Roland antes de sua execução, em 1793. As atrocidades e os excessos da Revolução Francesa são, contudo, apenas um exemplo dos horrores cometidos em nome da liberdade – liberdade especificamente do tipo positivo. A profunda desconfiança de Isaiah Berlin em relação à liberdade positiva foi alimentada pelas atrocidades do século XX, especialmente as de Stalin. O problema decorre da crença – o vício do reformador social – de que há um único rumo certo para a sociedade, uma única cura para seus males. Contra essa visão, o próprio Berlin foi um forte defensor do pluralismo de valores humanos. Há uma pluralidade de bens, argumentava ele, que são distintos e incompatíveis, a partir da qual as pessoas devem fazer escolhas radicais. Seu apego liberal à liberdade negativa foi sustentado por sua visão de que esse tipo de liberdade promovia o ambiente mais propício a que as pessoas pudessem, por meio dessas escolhas, controlar e modelar sua vida.

parte superior, o *self* mais racional.

Se ele é incapaz de incentivar essa parte a prevalecer, talvez precise de alguma ajuda externa – de pessoas mais sábias que ele e mais capazes de ver como deveria agir. Então logo nos sentimos justificados em separar George fisicamente da sua garrafa de conhaque. E o que vale para George vale para o Estado também, temia Berlin: marchando sob a bandeira da liberdade (positiva), governo se transforma em tirania, definindo uma meta específica para a sociedade; priorizando um determinado modo de vida para seus cidadãos; decidindo o que devem desejar, sem se importar com seus desejos verdadeiros (veja box).

> **Manipular os homens, empurrá-los na direção das metas que você – o reformador social – vê, mas eles não, é negar sua essência humana, é tratá-los como objetos sem vontade própria e, portanto, degradá-los.**
>
> Isaiah Berlin, 1959

A ideia condensada: liberdades divididas

45 O princípio da diferença

A dinâmica das sociedades humanas é extremamente complexa, mas é razoável supor que, em geral, as sociedades justas são mais estáveis e duradouras do que as injustas. Os membros de uma sociedade devem acreditar que ela é, de modo geral, justa, para que possam respeitar as regras que os conservam juntos e mantêm suas instituições. De que modo, então, os encargos e os benefícios de uma sociedade devem ser distribuídos entre seus membros, de modo a torná-la justa?

Poderíamos supor que a distribuição justa dos bens da sociedade é só aquela que é igual para todos os seus membros. A igualdade, no entanto, pode significar coisas diferentes. Estamos nos referindo à igualdade de resultados, de modo que todo mundo receba uma parte igual da riqueza e dos benefícios que a sociedade tem para oferecer e todo mundo tenha de arcar com a mesma parte dos encargos? Mas os ombros de algumas pessoas são mais largos e mais fortes que os de outras, e a sociedade como um todo pode lucrar com os esforços maiores que alguns de seus membros são capazes de fazer. Se algumas pessoas estão dispostas a se esforçar mais, não é razoável que elas recebam uma parcela maior dos benefícios? Caso contrário, aquelas com maiores talentos naturais talvez não explorem seus dons ao máximo, e a sociedade como um todo poderá ser a perdedora. Então talvez a coisa mais importante seja a igualdade de *oportunidades*, de modo que todos na sociedade tenham as mesmas oportunidades de prosperar, mesmo que algumas pessoas as aproveitem mais que outras e obtenham mais benefícios ao fazê-lo.

Em sua obra *Uma teoria da justiça*, publicado em 1971, o filósofo norte-americano John Rawls deu uma contribuição altamente in-

linha do tempo

1651 d.C.
Leviatã

Rawlsianos x utilitaristas

Grande parte da dinâmica da justiça rawlsiana vem de sua oposição a uma abordagem utilitarista clássica para as mesmas questões (veja a página 73). De uma perspectiva utilitarista, qualquer desigualdade se justifica, desde que resulte em um ganho maciço de utilidade (por exemplo, felicidade). Assim, por exemplo, os interesses da maioria poderiam ser sacrificados em troca de um ganho enorme para uma minoria; ou uma perda enorme para uma minoria poderia ser justificada desde que resultasse em ganho suficiente para a maioria. As duas possibilidades seriam descartadas pelo princípio da diferença de Rawls, que proíbe que os interesses daqueles em pior situação sejam sacrificados dessa maneira.

Outro contraste importante é que os utilitaristas são imparciais ao considerar os interesses de todos; pede-se a cada um que reúna seus interesses aos dos outros, para juntos buscarem o que quer que resulte em maior ganho líquido de utilidade. Os rawlsianos, por sua vez, colocados na posição inicial, agem egoisticamente; é o interesse próprio, combinado com a ignorância de seu futuro lugar na sociedade, que leva a uma prudente concordância com o princípio da diferença.

fluente para o debate sobre a justiça social e a igualdade. No cerne de sua teoria reside o chamado "princípio da diferença", segundo o qual as desigualdades sociais só se justificam se tiverem um resultado: que os membros em pior situação fiquem em melhor condição do que estariam antes. O princípio de Rawls tem gerado uma grande quantidade de críticas, positivas e negativas, e tem sido invocado (nem sempre de modo que o próprio Rawls teria aprovado) em apoio a posições ideológicas de todo o espectro político.

> **"Uma sociedade que coloca a igualdade – no sentido de igualdade de resultados – à frente da liberdade irá acabar sem igualdade nem liberdade."**
>
> **Milton Friedman,** 1980

1971
O princípio da diferença

1974
A máquina da experiência
Bote salva-vidas Terra

> ### Teoria do cavalo e dos pardais
>
> O princípio da diferença de Rawls estipula a igualdade, a menos que a desigualdade beneficie a todos, e, assim, não permite que os interesses de um grupo sejam subordinados aos de outro. O princípio não tem, contudo, nada a dizer sobre os ganhos relativos dos vários beneficiários, então uma pequena melhoria para os que estão em pior situação justificaria um enorme ganho para aqueles que já desfrutam da parte do leão nos bens da sociedade. Isso permitiu que o princípio fosse evocado por alguns que estão bem distantes da posição essencialmente igualitária de Rawls. Assim, a comprovação de Rawls foi por vezes solicitada para a chamada "economia *trickle-down*" dos governos Reagan e Thatcher na década de 1980, durante os quais cortes de impostos para os mais ricos foram reivindicados para levar a um aumento dos investimentos e do crescimento econômico, de modo a supostamente melhorar a situação dos menos favorecidos. Essa alegação foi descrita em tom depreciativo pelo economista J. K. Galbraith como "teoria do cavalo e dos pardais": "Se você der aveia suficiente ao cavalo, parte dela acabará no chão, para os pardais".

Por trás do véu de ignorância   Qualquer concepção de justiça social compreende, pelo menos de modo implícito, a noção de imparcialidade. Qualquer sugestão de que os princípios e estruturas que fundamentam um sistema social pendem para um determinado grupo (uma classe social ou casta, por exemplo, ou um partido político) torna esse sistema automaticamente injusto. Para apreender essa ideia de imparcialidade e basear os princípios de justiça na igualdade, Rawls apresenta uma experiência de pensamento que tem suas origens nas teorias do contrato social de Hobbes e Rousseau (veja a página 188). Somos convidados a nos imaginar no que ele chama de "posição original", em que todos os interesses pessoais e lealdades são esquecidos: "Ninguém sabe seu lugar na sociedade, sua classe ou status social, e ninguém sabe quanto recebeu na hora da distribuição de recursos naturais e habilidades, inteligência, força, e assim por diante". Embora possamos nos esforçar para promover nossos próprios interesses, não sabemos onde eles residem, então qualquer favor especial que possa ser pedido está descartado. Ignorantes do papel que nos será dado na sociedade, somos obrigados a jogar com prudência e garantir que nenhum grupo fique em desvantagem a fim de dar vantagem a outro.

> **"O princípio da diferença é uma concepção fortemente igualitária no sentido de que, a menos que haja uma distribuição que faça com que ambas as pessoas fiquem em melhor situação... uma distribuição igualitária deve ser preferida."**
>
> John Rawls, 1971

Desse modo, a imparcialidade, em um paradoxo que é apenas aparente, é a escolha racional e inevitável de agentes com interesses próprios na posição original. Estruturas e arranjos sociais e econômicos só podem ser considerados distintamente justos, afirma Rawls, se foram contratados por trás desse "véu de ignorância" imaginário. Além disso, o que quer que fosse estabelecido em tais circunstâncias é a única coisa que poderia ser feita por indivíduos que agem de maneira racional e prudente. E a coisa melhor e mais sensata que o tomador de decisão racional pode fazer para proteger seus próprios interesses futuros (desconhecidos) é abraçar o princípio da diferença.

O corolário do princípio da diferença – a ideia de que as desigualdades são aceitáveis apenas se beneficiarem aqueles em pior situação – é que, em qualquer outra circunstância, as desigualdades são inaceitáveis. Em outras palavras, condições de igualdade devem existir, exceto em situações em que o princípio da diferença indique que uma desigualdade é permissível. Por exemplo, seriam considerados injustos arranjos econômicos que aumentassem consideravelmente a posição dos que estão em melhor situação, mas mantivessem inalterada a posição dos que se encontram em pior situação. As pessoas podem, por acidente de nascimento, ter mais talentos naturais que outras, mas deveriam desfrutar de alguma vantagem social ou econômica em razão disso apenas se essa vantagem levasse a uma melhora na condição dos mais desfavorecidos. Em suma, a desigualdade só é justa se todos lucrarem com ela; caso contrário, a igualdade deve prevalecer.

A ideia condensada: justiça como igualdade

46 Leviatã

"Tudo, portanto, que advém de um tempo de Guerra, onde cada homem é Inimigo de outro homem, advém igualmente do tempo em que os homens vivem sem outra segurança além do que sua própria força e sua própria astúcia conseguem provê-los. Em tal condição, não há lugar para a Indústria, porque seu fruto é incerto; e, consequentemente, nenhuma Cultura da Terra existe; nenhuma Navegação, nem uso nenhum das mercadorias que podem ser importadas através do Mar; nenhuma Construção confortável; nada de Instrumentos para mover e remover coisas que requerem muita força; nenhum Conhecimento da face da Terra; nenhuma estimativa de Tempo; nada de Artes; nada de Letras; nenhuma Sociedade; e o que é o pior de tudo, medo contínuo e perigo de morte violenta. E a vida do homem, solitária, pobre, sórdida, brutal e curta."

Passagem mais famosa de uma obra-prima da filosofia política, essa visão distópica da humanidade é pintada pelo filósofo inglês Thomas Hobbes em seu livro *Leviatã*, publicado em 1651. Abatido, no rescaldo da Guerra Civil inglesa, Hobbes apresenta uma imagem da humanidade que é sempre pessimista e sombria: a visão dos seres humanos que vivem em um imaginado "estado da natureza", que estão isolados, indivíduos autointeressados cujo único objetivo é sua própria segurança e seu próprio prazer; que estão constantemente em competição e conflito com o outro, preocupados apenas em obter sua própria retaliação em primeiro lugar; entre os quais não existe confiança e, portanto, nenhuma cooperação é possível. A questão para Hobbes é como os indiví-

> **"Em primeiro lugar, apresento uma disposição geral de toda a humanidade, um desejo perpétuo e inquieto de poder e mais poder, que cessa apenas com a morte."**
>
> Thomas Hobbes, 1951

linha do tempo

1651 — Leviatã

1789 — Teorias da punição

Contratos sociais

A ideia de fazer um contrato legal como modelo para a compreensão do funcionamento de um Estado ocorreu a vários filósofos desde Hobbes. A celebração de um contrato confere a alguém que é parte dele certos direitos e impõe certas obrigações; supõe-se que uma forma paralela de justificativa esteja subjacente ao sistema de direitos e obrigações que existem entre cidadãos de um Estado e as autoridades que o controlam. Mas exatamente que tipo de contrato é entendido ou implicado aqui? O contrato entre o cidadão e o Estado não é entendido de modo literal, e o "estado de natureza" que se imaginava existir na ausência da sociedade civil é igualmente hipotético, um dispositivo planejado para distinguir aspectos naturais e convencionais da condição humana. Mas então podemos perguntar, como fez o filósofo escocês David Hume, qual o peso que pode ser colocado em tais noções hipotéticas ao se determinar os poderes reais e as prerrogativas do cidadão e do Estado.

O mais influente sucessor de Hobbes foi o filósofo francês Jean-Jacques Rousseau, autor de *O contrato social*, obra publicada em 1762. Desde então, tem aumentado o número de teóricos partidários do contrato social (ou "contratários"), dos quais o mais importante é o filósofo e político norte-americano John Rawls (veja a página 185).

duos atolados nessa discórdia miserável e implacável poderão algum dia se livrar dela. De que maneira qualquer forma de sociedade ou organização política pode se desenvolver tendo por base essas origens pouco promissoras? Sua resposta: "um poder comum para mantê-los todos sob jugo"; o poder absoluto do Estado, simbolicamente chamado "Leviatã".

"Contratos, sem a Espada, são apenas Palavras" Na visão de Hobbes, o instinto natural de todo mundo é cuidar dos próprios interesses, e é do interesse de todos cooperar: só desse modo podem escapar de uma condição de guerra e de uma vida que é "solitária, pobre, desagradável, brutal e curta". Se as coisas funcionam assim, por que

O bom selvagem

A visão sombria de Hobbes em relação aos seres humanos no "estado de natureza" (ou seja, sem restrições de convenções sociais e legais) não é compartilhada por seu sucessor francês, Rousseau. Onde Hobbes vê o poder do Estado como um meio necessário para domar a natureza bestial das pessoas, Rousseau considera que o vício humano e outros males são produtos da sociedade – que o "bom selvagem", naturalmente inocente, contente no "sono da razão" e vivendo em solidariedade com seus semelhantes, é corrompido pela educação e outras influências sociais. Essa visão da inocência perdida e do sentimento não intelectualizado tornou-se inspiração para o movimento romântico que varreu a Europa no final do século XVIII.

O próprio Rousseau, no entanto, não tinha ilusões de que fosse possível retornar a uma condição idílica: uma vez que a perda da inocência foi completa, os constrangimentos sociais previstos por Hobbes certamente viriam a seguir.

não é simples para as pessoas no estado de natureza concordar em cooperar umas com as outras? Não é simples porque há sempre um custo a ser pago ao se cumprir um contrato e há sempre um ganho a ser obtido pelo não cumprimento do contrato – no curto prazo, pelo menos. Mas se o interesse próprio e a autopreservação são a única bússola moral, como você pode ter certeza de que alguém não vai buscar preventivamente uma vantagem por não conformidade? Na verdade, com certeza tal vantagem será procurada; então o melhor

> **"O homem nasce livre; e em todos os lugares ele está acorrentado. Imagina ser o mestre dos outros, e ainda continua a ser um escravo maior do que eles. Como se dá essa mudança? Não sei. O que pode torná-la legítima? Essa pergunta eu acho que posso responder."**
>
> Jean-Jacques Rousseau, 1782

> **De bestas e monstros**
>
> Leviatã, muitas vezes ligado a Behemoth, é um temível monstro marinho mítico que aparece em várias histórias da criação no Antigo Testamento e em outros lugares. O nome é usado por Hobbes para sugerir o incrível poder do Estado – "esse grande LEVIATÃ, ou antes (para falar com mais reverência)... esse Deus Mortal, ao qual devemos, sob o Deus Imortal, nossa paz e defesa". No uso moderno, a palavra é normalmente aplicada ao Estado, com a sugestão de que ele está se apropriando além do que deve do poder e da autoridade.

que você pode fazer é quebrar antes o contrato? Claro que todo mundo pensa dessa maneira, por isso não existe confiança e, portanto, nenhum acordo. No estado de natureza de Hobbes, juros no longo prazo sempre darão lugar a ganhos no curto prazo, sem deixar espaço para romper o ciclo de desconfiança e violência.

"Contratos, sem a Espada, são apenas Palavras", conclui Hobbes. É necessário algum tipo de poder externo ou sanção que obrigue as pessoas a cumprirem os termos de um contrato que beneficie a todos – desde que todos o cumpram. As pessoas devem, de bom grado, restringir suas liberdades em prol da cooperação e da paz, com a condição de que todo mundo faça o mesmo; elas devem "conferir todo o seu poder e toda a sua força a um Homem, ou a uma Assembleia de homens, que possa reduzir todas as suas Vontades, por pluralidade de vozes, a uma só Vontade". Dessa maneira, os cidadãos concordam em ceder sua soberania ao Estado, com poder absoluto para que "atenda as vontades de todos eles, a Paz em casa e a ajuda mútua contra seus inimigos no estrangeiro".

A ideia condensada:
o contrato social

47 O dilema do prisioneiro

"Este é o acordo: confessar-se culpado e testemunhar contra seu companheiro – ele pega 10 anos e você fica livre." Gordon sabia que a polícia poderia manter os dois presos por um ano de qualquer maneira, apenas pelo porte das facas, mas não havia evidências suficientes para culpá-los pelo assalto. O problema era que Gordon também sabia que eles estavam oferecendo o mesmo acordo a Tony na cela ao lado – se ambos confessassem e incriminassem um ao outro, cada um pegaria cinco anos. Se ao menos ele soubesse o que Tony ia fazer...

...Gordon não é bobo e avalia com cuidado suas opções. "Se Tony ficar quieto, minha melhor jogada é entregá-lo: ele pega dez anos e eu fico livre. E se ele me entregar, ainda assim é melhor confessar, entregá-lo e pegar cinco anos – caso contrário, se eu ficar quieto, vou pegar os dez anos sozinho. Então, de qualquer jeito, faça Tony o que fizer, minha melhor jogada é confessar." O problema para Gordon é que Tony também não é bobo, e chega exatamente à mesma conclusão. Então eles incriminam um ao outro e os dois pegam cinco anos cada. Mas se nenhum deles tivesse dito nada, cada um só teria pegado um ano...

Os dois homens tomam uma decisão racional, com base em um raciocínio de seu próprio interesse; ainda assim, o resultado obviamente não é o melhor para nenhum deles. O que deu errado?

A teoria dos jogos A história descrita acima, conhecida como "o dilema do prisioneiro", é provavelmente o mais famoso de uma série de cenários estudados no campo da teoria dos jogos. O objetivo da teoria dos jogos é analisar esse tipo de situação, na qual há um claro conflito de interesses, e determinar o que pode contar como estratégia racional. Tal estratégia, nesse contexto, tem como objetivo maxi-

linha do tempo

c.350 a.C.
Formas de argumentação

1789 d.C.
Teorias da punição

Soma zero

A teoria dos jogos tem se revelado um campo tão fértil que parte de sua terminologia tornou-se moeda corrente. Um "jogo de soma zero", por exemplo – expressão muitas vezes usada de maneira informal, especialmente no mundo dos negócios –, é tecnicamente um jogo, como xadrez ou pôquer, no qual os ganhos de um lado estão em perfeito equilíbrio com as perdas do outro lado, de modo que a soma dos dois é zero. Por comparação, o dilema do prisioneiro é um "jogo de soma não zero", no qual é possível que ambos os jogadores ganhem – ou os dois percam.

mizar sua própria vantagem e envolve ou trabalhar com um adversário ("cooperação", no jargão da terapia do jogo) ou traí-lo ("deserção"). A suposição, é claro, é a de que tal análise lance sobre o comportamento humano real – explicando por que as pessoas agem como agem ou prescrevendo como deveriam agir.

Analisando a teoria dos jogos, as possíveis estratégias abertas para Gordon e Tony podem ser apresentadas em uma "matriz de *payoff*", como se segue:

	Tony fica calado	Tony confessa
Gordon fica calado	Ambos pegam 1 ano (ganha-ganha)	Gordon cumpre 10 anos Tony fica livre (perde muito--ganha muito)
Gordon confessa	Gordon fica livre Tony pega 10 anos (ganha muito--perde muito)	Ambos pegam 5 anos (perde-perde)

O dilema surge porque cada prisioneiro está preocupado apenas em diminuir seu próprio tempo de prisão. A fim de alcançar o melhor resultado para os dois indivíduos coletivamente (cada um pegando um ano de prisão), eles devem colaborar e aceitar renunciar ao melhor resultado para cada um deles individualmente (sair livre). No clássico dilema do prisioneiro, essa colaboração não é permitida, e de qualquer modo eles não teriam razão alguma para confiar que o outro iria cumprir o acordo. Assim, adotam uma estratégia que impede o melhor resultado coletivo, a fim de evitar o pior resultado individual, e acabam com um resultado não ideal que fica em algum lugar no meio do caminho das possibilidades.

Implicações no mundo real As amplas implicações do dilema do prisioneiro são que a satisfação egoísta dos próprios interesses, mesmo que racional em certo sentido, pode não levar ao melhor resultado para si ou para outrem; portanto, a colaboração (em certas circunstâncias, pelo menos) é a melhor política. Como é o dilema do prisioneiro no mundo real?

O dilema do prisioneiro teve especial influência nas ciências sociais, notadamente na economia e na política. Pode, por exemplo, oferecer *insights* sobre a tomada de decisões e a psicologia que fundamentam a escalada de aquisição de armas por nações rivais. Em tais situações, é claramente benéfica, a princípio, para que as partes envolvidas cheguem a um acordo sobre o limite de despesas com armas, mas na prática isso acontece muito pouco. De acordo com a análise da teoria dos jogos, a impossibilidade de chegar a um acordo ocorre em razão de o medo de uma grande perda (derrota militar) superar a relativamente pequena vitória (despesas militares menores); o resultado real – nem o melhor nem o pior disponível – é uma corrida armamentista.

Um paralelo muito claro com o dilema do prisioneiro é visto no sistema de negociação que sustenta alguns sistemas judiciais (como nos Estados Unidos), mas que é proibido em outros. A lógica do dilema do prisioneiro sugere que a estratégia racional de "minimizar a perda máxima" – ou seja, concordar em aceitar uma pena menor por medo de receber uma maior – pode induzir pessoas inocentes a confessarem e testemunharem umas contra as outras. No pior dos casos, pode levar o culpado a confessar a sua culpa prontamente, enquanto o inocente continua a jurar inocência, levando à bizarra consequência de a pena mais severa ser dada ao inocente.

Galinha Outro jogo muito estudado pelos teóricos dos jogos é o da "Galinha", popularizado no filme *Juventude transviada* (1955), com James Dean. No jogo, dois jogadores dirigem carros um em direção ao

> ### Uma mente brilhante
>
> O mais famoso teórico dos jogos atualmente é John Forbes Nash, de Princeton. Seu gênio matemático e seu triunfo sobre uma doença mental, culminando com o Prêmio Nobel de Economia em 1994, são tema do filme *Uma mente brilhante* (2001).
>
> A mais conhecida contribuição de Nash é a definição do homônimo "equilíbrio de Nash" – uma situação estável em um jogo no qual nenhum jogador tem qualquer incentivo para mudar sua estratégia, a menos que outro jogador mude a dele. No dilema do prisioneiro, a deserção dupla (quando ambos os jogadores confessam) representa o equilíbrio de Nash, que, como vimos, não corresponde necessariamente ao resultado ideal para os jogadores envolvidos.

outro e o perdedor (ou galinha) é aquele que desvia do caminho do outro. Nesse cenário, o preço da cooperação (desviar e ser chamado de covarde) é tão pequeno em relação ao preço da deserção (continuar dirigindo em linha reta e bater) que a ação racional parece ser a de cooperar. O perigo surge quando o jogador A pressupõe que o jogador B é igualmente racional e que, portanto, vai desviar, permitindo assim que ele (jogador A) dirija em linha reta impunemente e vença.

O perigo inerente ao jogo da galinha é óbvio – uma dupla deserção (ambos dirigem em linha reta) significa que ocorrerá um acidente. Os paralelos com vários tipos de atitudes políticas temerárias no mundo real (a mais calamitosa delas envolvendo armas nucleares) são claros.

A ideia condensada: jogando o jogo

48 Teorias da punição

Muitos diriam que a marca de uma sociedade civilizada é sua capacidade de defender os direitos de seus cidadãos: de protegê-los de tratamento arbitrário e de danos por parte do estado ou de outras pessoas, de permitir-lhes expressão política plena e de garantir a liberdade de expressão e o direito de ir e vir. Sendo assim, por que tal sociedade infligiria danos deliberados a seus cidadãos, excluindo-os do processo político e restringindo sua liberdade de falar e de ir e vir livremente? Pois é essa exatamente a prerrogativa que o Estado toma para si quando opta pela punição a seus cidadãos por violarem as regras que impôs a eles.

Esse aparente conflito entre as diferentes funções do Estado molda o debate filosófico sobre a justificativa das punições. Como na discussão de outras questões éticas, o debate sobre a justificativa das punições tende a se dividir entre linhas consequencialistas e deontológicas (veja a página 69): as teorias consequencialistas salientam as consequências benéficas que se seguem à punição de malfeitores, ao passo que as teorias deontológicas insistem que a punição é intrinsecamente boa como um fim em si, independentemente de quaisquer outros benefícios que possa trazer.

"Teve o que mereceu" A ideia-chave por trás das teorias que sustentam que a punição é boa por si só é a retribuição. A intuição básica subjacente a grande parte de nosso pensamento moral é a de que as pessoas têm o que merecem: assim como devem receber benefícios por bom comportamento, devem ser punidas por se comportarem mal.

linha do tempo

c.400 a.C. — A defesa do livre-arbítrio
1651 d.C. — Leviatã
1785 — Fins e meios

Níveis de justificativa

O "problema da punição" costuma ser considerado como sendo sua justificativa quanto a considerações utilitaristas, como dissuasão, e proteção da sociedade e/ou fatores intrínsecos, como retribuição. Mas também pode envolver questões que são ou mais específicas ou mais gerais. Em um determinado nível, podemos perguntar se a punição de um indivíduo *em particular* é justificada. Tal questão não põe em dúvida a adequação geral da punição e não é de interesse filosófico exclusivo ou especial.

Mas, além de tais questões, há algumas referentes à responsabilidade. O acusado foi responsável por suas ações no sentido exigido pela lei? Ou estava agindo sob coação, ou em autodefesa? Aqui, a questão da responsabilidade nos leva a um terreno filosófico muito espinhoso. No nível mais geral, o problema do livre-arbítrio questiona se todas as nossas ações são predeterminadas: exercemos a liberdade de escolha em qualquer uma de nossas ações? Se não, podemos ser responsabilizados por *qualquer coisa* que fazemos?

A ideia de retribuição – de que as pessoas devem pagar um preço (isto é, a perda da liberdade) por seus crimes – acomoda-se confortavelmente com essa intuição. Às vezes, outra ideia é apresentada – a noção de que cometer um delito cria um desequilíbrio e de que o equilíbrio moral é restaurado quando o malfeitor "paga sua dívida" com a sociedade; um criminoso tem com a sociedade a obrigação de não quebrar suas regras e, ao quebrá-las, incorre em penalidade (cria uma dívida), que deve ser paga. A metáfora financeira pode perfeitamente ser estendida para exigir uma transação justa – a severidade da pena deve corresponder à gravidade do crime.

A ideia de que "a punição deve ser proporcional ao crime" recebe apoio da *lex talionis* (lei de Talião) da Bíblia hebraica: "olho por olho, dente por dente". Isso implica que o crime e a punição devem ser equivalentes, não só em gravidade, mas também em espécie. Os defensores da pena de morte, por exemplo, muitas vezes alegam que a

A pena de morte

Os debates sobre a pena de morte são, em geral, estruturados de modo semelhante aos relacionados a outros tipos de punição. Os defensores da pena capital argumentam, muitas vezes, que é certo que crimes mais graves sejam punidos com a pena mais severa, independentemente de quaisquer consequências benéficas que possam decorrer disso, mas os supostos benefícios – principalmente de dissuasão e proteção do público – costumam ser citados também. Opositores reagem salientando que o valor de dissuasão é duvidoso na melhor das hipóteses, que a prisão perpétua oferece igual proteção para o público e que a própria instituição da pena capital degrada a sociedade. O argumento mais forte contra a pena de morte – a certeza de que pessoas inocentes têm sido e continuarão a ser executadas – é difícil de rebater. Talvez o melhor argumento a favor seja que a morte é preferível ou menos cruel do que uma vida atrás das grades, mas isso só levaria à conclusão de que ao criminoso deveria ser dada a escolha de viver ou morrer.

única retribuição adequada para quem tira uma vida é perder a vida (veja box na página 198); tais pessoas são menos rápidas em propor que chantagistas devem ser chantageados ou que estupradores devem ser estuprados. Esse apoio bíblico para as teorias retributivas atinge o coração do principal problema que elas enfrentam: a lei de Talião é obra de um "Deus vingativo", e o desafio dos retributivistas é manter uma distância respeitável entre retribuição e vingança. A ideia de que alguns crimes "clamam" por punição é às vezes revestida pela noção de que a punição expressa a indignação da sociedade diante de um ato particular, mas, quando a retribuição é reduzida a um mero desejo de vingança, mostra-se muito pouco adequada, em si, como uma justificativa para a punição.

Um mal necessário Em forte contraste com posições retributivas, tanto as justificativas utilitaristas quanto outras justificativas consequencialistas da punição não apenas negam que ela é uma coisa boa como afirmam que é positivamente ruim. Jeremy Bentham, o pioneiro do utilitarismo clássico, considerava a punição um mal necessário: ruim porque aumenta a soma de infelicidade humana; justificada só na medida em que os benefícios que gera superam a infelicidade que causa. E essa não é uma posição puramente teórica, como deixa claro Elizabeth Fry, uma prática reformadora de prisões do sécu-

> **"Toda punição é maldade: toda punição em si é má."**
>
> Jeremy Bentham, 1789

lo XIX: "Punição não é para vingar, mas para diminuir a criminalidade e corrigir o criminoso".

O papel da punição na redução da criminalidade assume, em geral, duas formas principais: incapacitação e dissuasão. Um assassino executado certamente não vai reincidir, nem aquele que está preso. O grau de incapacitação – especialmente incapacitação permanente por meio da pena capital – pode estar aberto a debate, mas é difícil contestar a necessidade de algumas medidas dessa natureza, tomadas no interesse público. Isso já não ocorre tão facilmente no caso da dissuasão. Parece perverso dizer que alguém deve ser punido, não pelo crime que cometeu, mas para dissuadir outros de agirem de forma semelhante; e há dúvidas quanto à sua utilidade prática, pois estudos sugerem que é principalmente o medo da captura que dissuade, mais do de qualquer punição subsequente.

A outra vertente principal do pensamento utilitarista sobre a punição é a modificação ou a reabilitação do criminoso. Existe uma atração óbvia, pelo menos para os liberais, pela ideia de ver a punição como uma forma de terapia na qual os infratores sejam reeducados e modificados de tal modo que se tornem membros plenos e úteis da sociedade. Há sérias dúvidas, no entanto, em relação à capacidade dos sistemas penais – da maioria dos sistemas atuais, pelo menos – de alcançar tal objetivo.

Na prática, é fácil produzir contraexemplos que mostram a inadequação de qualquer justificativa utilitarista a favor da punição – os casos em que o infrator não apresenta um perigo para a sociedade ou não precisa de reabilitação, ou cuja punição não teria nenhum valor de dissuasão. A abordagem usual, portanto, é oferecer um conjunto de possíveis benefícios que a punição pode trazer, sem sugerir que todos eles se aplicam a todos os casos. Mesmo assim, podemos sentir que, do ponto de vista de uma consideração puramente utilitarista, algo está faltando, e que se deve permitir algum espaço para a retribuição. Refletindo esse sentimento, várias teorias recentes são de caráter essencialmente híbrido, tentando combinar elementos utilitaristas e retributivistas em um cômputo geral de punição. As principais tarefas podem ser, então, definir prioridades para os vários objetivos especificados e destacar onde entram em conflito com as atuais políticas e práticas.

A ideia condensada: a punição é adequada ao crime?

49 Bote salva-vidas Terra

"*À deriva em um mar moral...* Então, aqui estamos nós, 50 pessoas em nosso bote salva-vidas. Para sermos generosos, suponhamos que haja espaço para mais 10, chegando a uma capacidade total de 60. Suponha que 50 de nós no barco salva-vidas vejamos outras 100 pessoas nadando, implorando para entrar em nosso bote ou para que lhes estendamos a mão...

...Temos várias opções: podemos ser tentados a colocar em ação o ideal cristão de sermos 'responsáveis por nossos irmãos', ou o ideal marxista de 'a cada um segundo suas necessidades'. Uma vez que as necessidades de todos na água são as mesmas, e uma vez que todos podem ser vistos como 'nossos irmãos', poderíamos aceitar todos no nosso bote, perfazendo um total de 150 em uma embarcação projetada para 60. O bote vira, todo mundo se afoga. Justiça completa, completa catástrofe... Uma vez que o barco tem uma capacidade não utilizada para 10 passageiros a mais, poderíamos admitir apenas mais 10. Mas quais 10 vamos deixar entrar? ...Suponha que decidamos... não admitir mais ninguém no bote salva-vidas. Nossa sobrevivência é possível, então, embora tenhamos de estar constantemente em guarda contra novas tentativas de abordagens."

Em um artigo publicado em 1974, o ecologista norte-americano Garrett Hardin apresentou a metáfora do bote salva-vidas Terra para montar um processo contra países ocidentais ricos que ajudam as nações em desenvolvimento mais pobres do mundo. Incansável flagelo dos liberais de coração despedaçado, Hardin argumenta que as bem-intencionadas, mas equivocadas, intervenções do Ocidente são prejudiciais, no longo prazo, para os dois lados. Países que recebem ajuda externa desenvolvem uma cultura de dependência e, assim, deixam de "aprender da maneira mais difícil" os perigos de um planejamento

linha do tempo

c.30 d.C.
A regra áurea

1959
Liberdade positiva e negativa

inadequado e de um crescimento populacional descontrolado. Ao mesmo tempo, a imigração sem restrições significa que populações ocidentais quase estagnadas vão ser rapidamente invadidas por uma maré incontrolável de refugiados econômicos. Hardin coloca a culpa por esses males nos liberais de consciência pesada, censurando especificamente o fato de encorajarem a "tragédia dos comuns", um processo no qual recursos limitados, idealisticamente considerados propriedade de todos os seres humanos, caem em uma espécie de propriedade compartilhada que inevitavelmente leva à sua exploração excessiva e ruína (veja box).

Ética cruel Hardin admite não ter remorsos por promover sua ética salva-vidas de aparência tão cruel. Imperturbado pela própria consci-

> ## A tragédia dos comuns
>
> O recurso de Hardin à rigorosa ética do bote salva-vidas foi uma resposta direta às deficiências percebidas por ele na aconchegante metáfora da "nave espacial Terra", amada por ambientalistas com a cabeça nas nuvens. De acordo com essa metáfora, estamos todos juntos a bordo da nave espacial Terra, por isso é nosso dever garantir que não desperdiçaremos recursos preciosos e limitados da nave. O problema surge quando essa imagem assume os contornos liberais de uma grande e feliz tripulação trabalhando em conjunto, incentivando a visão de que os recursos do mundo devem ser partilhados e que todos devem ter uma participação justa e igual nessa partilha. Um agricultor que possui um pedaço de terra vai cuidar de sua propriedade e garantir que não seja destruída por excesso de capacidade de carga da pastagem, mas, caso a propriedade se torne um terreno aberto a todos, não haverá a mesma preocupação de protegê-la. A tentação dos ganhos no curto prazo significa que as limitações voluntárias logo vão acabar, seguidas de perto pela degradação da terra. Esse processo – inevitável, na opinião de Hardin, em "um mundo lotado de seres humanos imperfeitos" – é o que ele chama de "tragédia dos comuns". Da mesma maneira, quando os recursos da Terra – como o ar, a água e os peixes dos oceanos – são tratados como bens comuns a todos, não são administrados adequadamente e a ruína é certa.

1971
Liberdade positiva e negativa

1974
Bote salva-vidas Terra

> **"Ruína é o destino para o qual todos os homens correm, cada um perseguindo seu próprio interesse em uma sociedade que acredita na liberdade dos comuns. Liberdade aplicada a um bem comum traz ruína para todos."**
>
> Garrett Hardin, 1968

ência, seu conselho para os liberais cheios de culpa é "sair e dar seu lugar a outros", eliminando sentimentos de remorso que ameaçam desestabilizar o barco. Não faz sentido se preocupar com o modo como chegamos até aqui – "não podemos refazer o passado"; e é somente adotando sua postura dura, intransigente, que podemos salvaguardar o mundo (ou nossa parte dele, pelo menos) para as gerações futuras.

A imagem da relação entre países ricos e pobres com certeza não é muito bonita: os ricos, abrigados em segurança nos seus botes, usam os remos para bater na cabeça e nas mãos dos pobres, para evitar que subam a bordo. Mas existe outra maneira de interpretar a metáfora além da usada por Hardin. O bote salva-vidas realmente corre o risco de afundar? Qual é sua capacidade real? Ou é mais uma questão de fazer com que os gatos gordos se mexam e recebam menos ração?

Boa parte do argumento de Hardin reside no pressuposto de que as taxas de reprodução mais elevadas dos países mais pobres persistiriam mesmo que eles recebessem um tratamento mais justo; ele não aceita que tais taxas possam ser uma *resposta* à alta mortalidade infantil, à baixa expectativa de vida, à educação precária, e assim por diante. Despojados do brilho de Hardin, diria o liberal, ficamos com uma imagem de imoralidade nua e crua – egoísmo, complacência, falta de compaixão...

Limites morais   Vista sob essa luz, a culpa do liberal não parece tão deslocada. Um liberal responsável pelo bote salva-vidas nem sonharia em bater na cabeça de um companheiro de viagem com um remo, então como poderia ver alguém fazer tal coisa (ou até mesmo permitir que tal coisa fosse feita) aos infelizes na água em torno do barco? Na verdade, supondo que de fato haja espaço a bordo, não teria ele o dever de ajudá-los a sair da água e dar-lhes alimento?

Assim, o cenário do bote salva-vidas apresenta ao liberalismo ocidental um desafio desagradável. Um dos mais básicos requisitos de justiça social é que as pessoas devem ser tratadas com imparcialidade; coisas que estão fora do controle de alguém (fatores acidentais devido ao nascimento, como gênero, cor da pele etc.) não podem determinar como essa pessoa é tratada ou moralmente avaliada. No entanto, um desses fatores – onde uma pessoa nasceu – parece desempenhar um papel muito importante em nossa vida moral, não apenas para os partidários de Hardin, mas para a maioria dos autoproclamados liberais também. Como pode tanto peso moral – qualquer peso, na verdade – ser dado a algo tão arbitrário quanto fronteiras nacionais?

Diante desse desafio, o liberal deve mostrar por que as exigências de imparcialidade podem ser suspensas ou reduzidas quando consideramos outras partes do mundo além da nossa terra natal – por que motivo é certo para nós mostrar preferência moral pelo que é nosso, ou então dever aceitar que há alguma incoerência no cerne do liberalismo atual e que a consistência exige que os princípios da moralidade e da justiça social sejam estendidos mundialmente.

Teóricos atuais têm tentado resolver a questão em ambos os sentidos. Argumentos favoráveis à parcialidade como um ingrediente essencial no pensamento liberal, ainda que úteis para abordar realidades globais, certamente diminuem seu alcance e sua dignidade. Por outro lado, o liberalismo cosmopolita total, embora louvável, exige uma mudança de curso nas práticas atuais, além de políticas de engajamento internacional, e corre o risco de ir a pique diante dessas mesmas realidades globais. De qualquer maneira, ainda há muito trabalho a ser feito na filosofia política na área da justiça global e internacional.

> **"A sobrevivência num futuro próximo exige que governemos nossas ações pela ética de um bote salva-vidas. A posteridade sofrerá se não fizermos isso."**
>
> Garrett Hardin, 1974

A ideia condensada: há mais espaço no barco?

50 Guerra justa

Embora a guerra tenha sempre seus entusiastas, a maioria dos teóricos simpatizaria com os sentimentos do poeta britânico Charles Sorley, que, em 1915, alguns meses antes de morrer, aos 21 anos, na batalha de Loos, escreveu: "Não existe guerra justa. O que estamos fazendo é trocar Satanás por Satanás". Muitos concordariam, porém, que, embora a guerra seja sempre um mal, alguns demônios são piores que outros. Sim, a guerra deve ser evitada quando possível, mas não a qualquer custo. Ela pode ser o menor de dois males; o motivo pode ser tão grande, a causa tão importante, que o uso das armas fica moralmente justificado. Em tais circunstâncias, a guerra pode ser considerada justa.

A discussão filosófica sobre a moralidade da guerra, um tema tão atual hoje quanto sempre, tem uma longa história. No Ocidente, questões levantadas originalmente na Grécia e Roma antigas foram retomadas pela igreja cristã. A conversão do Império Romano ao cristianismo no século IV exigiu um acordo entre as tendências pacifistas da antiga igreja e as necessidades militares dos governantes imperiais. Santo Agostinho falou da urgência desse acordo, assim como São Tomás de Aquino, que desenvolveu a hoje canônica distinção entre *jus ad bellum* ("justiça para entrar em guerra", as condições sob as quais é moralmente correto pegar em armas) e *jus in bello* ("justiça na guerra", regras de conduta uma vez que a guerra já foi começada). O debate sobre a "teoria da guerra justa" é estruturado, em sua essência, ao redor dessas duas ideias.

> "Nunca houve uma guerra boa nem uma paz ruim."
> Benjamin Franklin, 1783

Condições para guerrear Os objetivos principais da teoria da guerra justa são identificar um conjunto de condições sob o qual é moralmente defensável recorrer à força das armas; e oferecer diretrizes relacionadas aos limites dentro dos quais a guerra será conduzida.

linha do tempo

c.1260
Guerra justa
Atos e omissões

Os princípios que regem o *jus ad bellum* têm sido muito debatidos e sofreram várias emendas ao longo dos séculos. Alguns são mais controversos que outros; previsivelmente, na maioria dos casos o diabo mora nos detalhes da interpretação. Costuma-se concordar que as várias condições são todas necessárias, e nenhuma suficiente, para justificar o início de uma guerra. Algo que se aproxima de um consenso foi alcançado considerando-se o seguinte conjunto de condições:

Justa causa A mais abrangente e mais discutida condição para uma guerra moralmente defensável é a justa causa. Em séculos passados, a interpretação dessa condição era mais abrangente e podia incluir, por exemplo, alguma forma de motivação religiosa; no ocidente secular, tal causa seria hoje em dia considerada ideológica e, portanto, inapropriada. A maioria dos teóricos modernos reduziu o âmbito dessa condição para defesa contra agressão. De forma menos controversa, isso incluiria autodefesa contra a violação dos direitos básicos de um país – sua soberania política e integridade territorial (por exemplo, Kuwait contra Iraque em 1990-91). A maioria dos teóricos a estenderia para incluir auxílio a um terceiro que sofra tal agressão (por exemplo, as forças de coalizão que liberaram o Kuwait em 1991). Bem mais controversas são as ações militares preventivas contra um agressor em potencial, quando esteja faltando prova definitiva da intenção de ataque. Nesses casos, pode ser discutível se o uso da força preventiva não é em si uma agressão, e alguns argumentam que apenas uma agressão verdadeira – depois de ter ocorrido – constitui justa causa.

> **"Bismarck travou guerras 'necessárias' e matou milhares; os idealistas do século XX lutam guerras 'justas' e matam milhões."**
>
> A. J. P. Taylor, 1906-1990

Justa intenção Bastante próxima da justa causa está a justa intenção. Não basta ter uma causa; é necessário que o único objetivo da ação militar seja em benefício dessa causa. São Tomás de Aquino fala dessa conexão entre a promoção do bem e a ação de evitar o mal, mas o ponto crucial é que a única motivação seja simplesmente corrigir o erro causado pela agressão que proporcionou a justa causa. A justa causa não pode ser um disfarce para motivos ocultos como interesses nacionais, expansão territorial ou o próprio engrandecimento. Assim, liberar

> ### Jus in bello
>
> Outro aspecto da teoria da guerra justa é o *jus in bello* – que rege a conduta moralmente aceitável e apropriada assim que a guerra é iniciada. Esse é um aspecto bastante abrangente; estende-se desde o comportamento dos soldados individuais em relação ao inimigo e aos civis até questões estratégicas maiores, como o uso de armamentos (nucleares, químicos, minas, bombas de fragmentação etc.). Nesse campo, duas considerações são importantíssimas. A *proporcionalidade* requer que meios e fins sejam proporcionais. Para levar o caso ao extremo, quase todos concordam que um ataque nuclear não tem justificativa, por mais bem-sucedido que possa ser para alcançar um objetivo militar. A *discriminação* exige que combatentes e não combatentes sejam bem diferenciados. Por exemplo, não é permitido usar civis como alvo, mesmo que isso sirva para prejudicar o moral das tropas inimigas.
>
> Claro que é possível que uma guerra justa seja travada injustamente, e vice-versa. Em outras palavras, as exigências do *jus ad bellum* e as do *jus in bello* são distintas, e umas podem ser satisfeitas sem as outras. Muitos aspectos do *jus in bello*, em particular, justapõem-se a questões do direito internacional (como as convenções de Haia e de Genebra), e infrações cometidas tanto pelo lado vencedor quanto pelo perdedor são consideradas crimes de guerra.

o Kuwait em resposta à agressão iraquiana tem justificativa; liberar o país com o objetivo de proteger poços de petróleo não tem.

Autoridade legítima   Que a decisão de pegar em armas só pode ser tomada pelas "autoridades legítimas" após um determinado processo parece óbvio. "Legítimo" significa basicamente qualquer grupo ou instituição de um país que detenha o poder soberano (sua competência para declarar guerra deverá estar definida na constituição do país). "Declarar guerra" é significativo, pois às vezes a constituição acrescenta que a intenção de guerrear deve ser comunicada aos cidadãos do próprio país e ao(s) estado(s) inimigo(s). Essa ação parece perversa se, ao ser executada, confere qualquer vantagem estratégica ao inimigo, que perdeu qualquer direito a essa consideração ao iniciar a agressão. "Autoridade legítima" é em si um conceito bastante espinhoso, que levanta questões delicadas sobre a legitimidade dos governos e o relacionamento apropriado entre quem toma as decisões e o povo.

> **"Não existe meio-termo na guerra."**
> Winston Churchill, 1949

Último recurso   Recorrer à guerra só tem justificativa se – não importa quão justa for a causa – todas as outras opções pacíficas, não militares, já foram tentadas ou ao menos consideradas. Se, por exemplo, um conflito puder ser evitado por meios diplomáticos, seria categoricamente errado apelar para uma resposta militar. Sanções econômicas ou de outros tipos deveriam ser consideradas, calculando-se seu impacto sobre a população civil se comparado aos efeitos de uma ação militar.

Possibilidade de sucesso   Mesmo que todas as outras condições para uma intervenção militar sejam atendidas, um país só deveria recorrer à guerra se tivesse uma chance "razoável" de sucesso. Tal condição parece prudente; não há razão para desperdiçar vidas e recursos em vão. Mas quanto "sucesso" é considerado "sucesso"? Então é *errado* um poder mais fraco reagir a um agressor mais forte, por mais que as chances estejam contra ele? Muita gente considera ofensiva a aparência consequencialista dessa condição. Às vezes, é correto, sim, resistir a um agressor; seria imoral, seria até covardia, não reagir – mesmo que a reação pareça inútil.

> **A política é uma guerra sem derramamento de sangue, enquanto a guerra é uma política com derramamento de sangue.**
> **Mao Tse-Tung, 1938**

Proporcionalidade   Um equilíbrio entre o objetivo desejado e as consequências prováveis de alcançar tal objetivo: o bem esperado (corrigir o erro que constitui a justa causa) deve ser considerado em relação aos prejuízos previsto (mortes, sofrimento humano etc.), ou seja, espera-se que a ação militar cause mais bem que mal; o benefício deve valer o custo. Essa é outra condição prudente, de cunho fortemente consequencialista – embora, nesse caso, irresistível se (um grande "se") o bem e o prejuízo resultantes puderem ser definidos e medidos corretamente. Nesse campo, quando passamos a considerar a proporcionalidade entre fins e meios militares, começamos a entrar no território do *jus in bello* – a conduta apropriada durante a guerra (veja box).

Não só uma guerra justa   Entre os filósofos contemporâneos, a teoria da guerra justa é, talvez, o campo onde mais ocorram debates, por uma questão de perspectiva. Os dois pontos extremos são o realismo e o pacifismo. Os realistas são céticos em relação à aplicação de conceitos éticos à guerra (ou a qualquer outro aspecto da política externa); influência internacional e segurança nacional são preocupações-chave – países poderosos jogam pesado e para valer, a moralidade é para os fracos. Os pacifistas, por sua vez, acreditam que a moralidade deve prevalecer nos assuntos internacionais. Ao contrário dos advogados da guerra justa, os pacifistas julgam que as ações militares nunca são a solução certa – existe sempre outra melhor.

A ideia condensada: travar a boa luta

Glossário

Termos em **negrito** nas explicações têm entradas próprias no glossário.

A posteriori *veja em* A priori

A priori Descreve uma proposição que pode ser reconhecida como verdadeira sem que se recorra à evidência da experiência. Por contraste, uma proposição que exige tal recurso é conhecida como *a posteriori*.

Absolutismo Na ética, a percepção de que certas ações são certas ou erradas em quaisquer circunstâncias ou apesar das circunstâncias.

Analítico Descreve uma proposição que não dá mais informação que a já contida no significado dos termos envolvidos, isto é, "Todos os garanhões são machos". Por contraste, uma proposição que dê mais informação significativa ("Garanhões correm mais que éguas") é descrita como sintética.

Analogia Uma comparação dos aspectos que fazem com que duas coisas sejam semelhantes; um argumento por analogia usa semelhanças conhecidas entre as coisas para defender uma semelhança de algum aspecto desconhecido.

Antirrealismo *veja em* Subjetivismo

Ceticismo Posição filosófica que desafia nossas alegações de conhecimento em alguma ou em todas as áreas do discurso.

Consequencialismo Na ética, a percepção de que a correção das ações deveria ser considerada apenas em referência à sua efetividade em alcançar certos fins ou consequências desejáveis.

Contingente Descreve algo que por acaso é verdadeiro, mas poderia não ser. Por contraste, uma verdade necessária é algo que não poderia ser nenhuma outra coisa; algo que é verdadeiro em qualquer circunstância ou em todos os mundos possíveis.

Dedução Uma forma de **inferência** na qual a conclusão se segue às premissas (é acarretada por elas); se as premissas de um argumento dedutivo válido são verdadeiras, a conclusão também terá a garantia de ser verdadeira.

Deontologia A percepção de que certas ações são intrinsecamente certas ou erradas, não importam suas consequências; ênfase especial é dada aos deveres e às intenções dos agentes morais.

Determinismo Teoria que diz que cada evento tem uma causa anterior, e assim cada estado do mundo é necessitado ou determinado por um estado anterior. Até que ponto o determinismo corrói nossa liberdade de ação constitui um problema do livre--arbítrio.

Dualismo Na filosofia da mente, a percepção de que a mente (ou alma) e a matéria (ou corpo) são distintos. Os dualistas de substâncias defendem que mente e matéria são duas substâncias essencialmente diferentes; os dualistas de propriedades defendem que uma pessoa tem, em essência, dois tipos de propriedade, a física e a mental. Em oposição ao dualismo está o idealismo ou imaterialismo (existem apenas mentes e ideias) e o fisicalismo ou materialismo (só existem corpos e matéria).

Empirismo A percepção de que todo conhecimento é baseado ou está inextricavelmente ligado a experiências derivadas dos sentidos; negação **a priori** do conhecimento.

Empírico Descreve um conceito ou uma crença com base na experiência (isto é, dados sensoriais ou evidência dos sentidos); uma verdade empírica é aquela que podemos confirmar como tal apenas se apelarmos à experiência.

Epistemologia Teoria do conhecimento, incluindo suas bases e justificações e o papel da razão e/ou da experiência em sua aquisição.

Estética Ramo da filosofia dedicado à arte, incluindo a natureza e a definição de obras de arte, as bases do valor estético e a justificação do julgamento artístico e da crítica.

Falácia Um erro de raciocínio. Falácias formais, nas quais a falha se deve à estrutura lógica de um argumento, costumam ser distinguidas das falácias informais, que abrangem muitas outras formas de pensamento que podem estar erradas.

Fisicalismo *veja em* Dualismo

Idealismo *veja em* Dualismo

Imaterialismo *veja em* Dualismo

Indução Uma forma de **inferência** na qual uma conclusão empírica (uma lei ou princípio geral) é alcançada com base em premissas empíricas (observações específicas de como as coisas são no mundo); a conclusão é apenas apoiada pelas premissas (nunca derivada delas), portanto, as premissas podem ser verdadeiras, mas a conclusão, falsa.

Inferência Processo de raciocínio que parte das premissas para a conclusão; os principais tipos de inferência são a **dedução** e a **indução**. Distinguir as boas inferências das más inferências é o objetivo da lógica.

Libertarianismo Percepção de que o **determinismo** é falso e de que as escolhas e ações humanas são genuinamente livres.

Livre-arbítrio *veja em* Determinismo

Lógica *veja em* Inferência

Materialismo *veja em* Dualismo

Metafísica Ramo da filosofia que trata da natureza ou estrutura da realidade; costuma focar noções como ser, substância e causação.

Naturalismo Na ética, a percepção de que conceitos morais podem ser explicados ou analisados puramente em relação aos "fatos da natureza" que a princípio podem ser descobertos pela ciência.

Necessário *veja em* Contingente

Normativo Relacionado a normas (padrões e princípios) pelas quais a conduta humana é julgada ou dirigida. A distinção normativo/descritivo alinha-se à distinção entre valores e fatos.

Objetivismo Na ética e na estética, a percepção de que valores e propriedades tais como bondade e beleza são inerentes ou intrínsecos aos objetos e existem independentemente da apreensão que os seres humanos têm deles.

Paradoxo Na lógica, um argumento no qual premissas que parecem não enfrentar objeções conduzem, via raciocínio correto, a uma conclusão inaceitável ou contraditória.

Racionalismo A percepção de que o conhecimento (ou algum conhecimento) pode ser adquirido por outro meio que o uso dos sentidos, pelo exercício do puro poder do raciocínio.

Realismo A percepção de que valores éticos e estéticos, propriedades matemáticas etc. existem de verdade "lá fora" no mundo, independentemente de termos experiência ou conhecimento deles.

Reducionismo Abordagem de uma questão ou de uma área discursiva que visa explicá-la ou analisá-la, exaustivamente, em outros (em geral mais simples ou acessíveis) termos, isto é, em fenômenos mentais puramente físicos.

Relativismo Na ética, a percepção de que o acerto ou o erro das ações é determinado pela cultura e pelas tradições (ou relativo a elas) de comunidades ou grupos sociais específicos.

Sintético *veja em* Analítico

Subjetivismo (ou antirrealismo) Na ética e na estética, a percepção de que valores têm base não na realidade externa, mas nas nossas crenças ou respostas emocionais aos valores.

Utilitarismo Na ética, um sistema **consequencialista** no qual as ações são julgadas certas ou erradas considerando-se se aumentam ou diminuem o bem-estar humano ou "utilidade"; a utilidade é classicamente interpretada como prazer humano ou felicidade.

Índice

a priori x *a posteriori* 24
abaixo/viva, teoria do 64-5
abismo é/deve 52-55
Aborto 54, 60, 85, 90-1
absolutismo 54, 56, 85
abstracionismo 150
Agostinho de Hipona, Santo (354-430), teólogo cristão 22, 204
analítico x sintético 24-25
analogia, argumento por 49-50, 105-6, 158
animais, consciência/dor 104-7, 109
animais, direitos 104-11
Anselmo, santo (c.1033-1109), teólogo italiano 164-7
antirrealismo 14-15, 149
apostador, falácia do 120-3
Aquino, São Tomás de (1225-74), teólogo italiano 86, 160, 204-5
argumento 112-5, 127
Aristóteles (384-322 a.C.), filósofo grego 100-3, 113, 149
Aristotélica, lógica 113
arte, natureza da 148-51
asno de Buridan 147
ateísmo 18, 178-9
ato-omissão, doutrina 84-7
autodefesa 86, 197, 205
Ayer, Alfred J. (1910-89), filósofo inglês 61
barbeiro, paradoxo do 116-9
Beardsley, Monroe (1915-85), crítico literário norte-americano 153-55
behaviorismo 33, 43
beleza 149, 153
Bentham, Jeremy (1748-1832), filósofo inglês 73-75, 106, 109, 198
Berkeley, George (1685-1753), filósofo irlandês 18-19, 34, 147
Berlin, Isaiah (1909-97), filósofo letão 180-3
besouro na caixa 132-5
big bang 161, 163

Blackburn, Simon (n.1944), filósofo britânico 78
bom selvagem (Rousseau) 190
Bostrom, Nick (n. 1973), filósofo sueco 10
bote salva-vidas Terra (Hardin) 200-3
cão de Crisipo 106
"carga de teorias" 141
cartesiano, círculo 23
cartesiano, teatro 17
categorial, erro 33
categórico, imperativo (Kant) 76-9, 80
causação 34, 35, 160, 163
caverna de Platão 12-5
cérebro numa cuba 8-11, 72, 146
ceticismo 17-9, 23, 50, 72
chance e probabilidade 120-3, 159, 175
ciência, filosofia da 136-47
ciência, progresso da 32, 140
científico, método 138, 143
coerentismo 27
cogito ergo sum (Descartes) 9, 20-3
comando divino, teoria do 60-3
conceituais, esquemas 59
conhecimento, filosofia do 8-31
conjuntos, teoria dos 116-9
consciência 22, 32, 35, 36-9, 46, 48, 51, 104-7
consequencialismo 54, 69-70, 74, 100, 196, 198, 207
consistência moral 83
continuidade psicológica 46-7
cosmológico, argumento 158, 160-3, 166
criacionismo 136-9
crítica literária 153, 155
dano, princípio do 181
Darwin, Charles 32, 158, 162
Dawkins, C. Richard 158
dedução 113
deontologia 54, 69-70, 77, 85, 100, 111, 196
Descartes, René (1596-1650), filósofo francês 9-10, 11, 17, 20-3, 32-5, 50, 106, 133, 167

descrições, teoria das (Russell) 128-31
designer babies, "bebês sob medida", 88
desígnio, argumento do 156-9, 170
desigualdades sociais 187
determinismo 173-5
Deus 9-13, 136-9, 156-79
deveres *veja* direitos e deveres
diferença, princípio da 184-7
difusa, lógica 126
direitos e deveres 54, 76, 85, 92, 104-11, 21, 189, 196
dissuasão 197-9
dominó, efeito 90
dor e sofrimento 108, 109, 132, 158, 169-71, 172
dualismo 32-35, 43, 50, 146-7
duplo aspecto, teoria do 34
duplo efeito 85-6, 95
dúvida, método da (Descartes) 9, 20
emotivismo 55, 64-7
empatia (Hume) 65
empiricismo 24-7
epistemologia 11; *veja também* conhecimento
erro, teoria do 67
especismo 110
estética 148-55
esteticismo 148
ética 52-103
ética aplicada 54
ética baseada no dever *veja* deontologia
eudaimonia (Aristóteles) 101
eutanásia 54, 60, 85, 87, 88
Eutífron, dilema de 61, 63
evolução 136, 159, 162
experiências, máquina de (Nozick) 72-5
expressionismo 150
expressivismo 66
falácias 114
falsificacionismo (Popper) 138
falsificações 154
família, semelhança de (Wittgenstein) 150
fantasma na máquina (Ryle) 33
fato-valor, distinção 52
fé 171, 176-9

felicidade 69, 73-4, 95, 102, 185
fideísmo 176-7
filosofia e filósofos 15, 79, 116, 118, 134, 148, 176
fins e meios 68-71, 73, 79, 86
fisicalismo 34-5, 36-8, 43, 50, 147
focinho do camelo 91
formalismo 150
formas, teoria das (Platão) 13-14, 148-9
Frege, Gottlob (1848-1925), matemático alemão 113, 118-9
funcionalismo 43
fundacionalismo 26-6
Gênesis 136
gênio maligno (Descartes) 9, 20
Gettier, Edmund (n. 1927), filósofo norte-americano 29-31
grandes números, lei dos 123
Grelling, paradoxo de 117
guerra justa, teoria da 204-7
guerra, moralidade da 204-7
guilhotina de Hume (lei de Hume) 52-55
Hardin, Garrett (1915-2003), ecologista norte-americano 200-3
Hare, Richard M. (1919-2002), filósofo inglês, 66, 81
heroísmo 92-95
hipócritas 81
hipotético, método 138
Hobbes, Thomas (1588-1679), filósofo inglês 44, 186, 188-91
homem mascarado, falácia do 39
Hume, David (1711-76), filósofo escocês 26, 47, 52-5, 65, 115, 138, 156-8, 189
ideal, observador 82
idealismo (imaterialismo) 19, 34, 147
ideias 15-19, 133
identidade dos indiscerníveis 39
identidade pessoal 44-7
igualdade social 184
imaterialismo *veja* idealismo
imparcial, espectador 82
imparcialidade 82, 186, 203
incapacitação 199
indeterminação quântica 175
indução 50, 114-5, 138
inferência (lógica) 112

institucional (da arte), teoria 150
inteligência artificial 42, 126
intenção 85, 98, 205
intencional, falácia 152-5
internacional, lei 206
irrevogabilidade 30
Jackson, Frank (n. 1943), filósofo australiano 37-8
jogos, teoria dos 192-95
justiça como igualdade (Rawls) 184
Kant, Immanuel (1724-1804), filósofo alemão 25, 70, 76-9, 80, 94, 100, 101, 149, 167
Kiss, princípio 146
Kuhn, Thomas S. (1922-96), filósofo norte-americano 140-3
ladeiras escorregadias 88-91
Leibniz, Gottfried Wilhelm (1646-1716), filósofo alemão 27, 39
Leviatã (Hobbes) 188-91
liberalismo 178, 181-2, 200-3
liberdade 180-3, 196
liberdade intelectual 179
libertarianismo 59, 89, 174-5
linguagem e significado 128-35
linguagem privada, argumento da (Wittgenstein) 132-5
linguagem, jogos de 132, 135
livre-arbítrio/defesa do livre-arbítrio 99, 171, 172-5, 197
Locke, John (1632-1704), filósofo inglês 16-9, 27, 46, 133
lógica 112-5, 127
mal, questão do 159, 166, 168-75
Malebranche, Nicolas (1638-1715), filósofo francês 34
matemática 26, 116
matemática, lógica 112-5, 127
máximas (Kant) 70, 77-8, 80
meio-termo 102-3
mente, filosofia da 32-51
mente-corpo, questão 32-35, 51, 147
mentiroso, paradoxo do 117
metaética 54
Mill, John Stuart (1806-73), filósofo inglês 74-5, 80, 100, 178-9, 181
mito da caverna, o 12-5
modal, lógica 165
moderação 86, 102

Moore, George Edward (1873-1958), filósofo britânico 53
moral, excelência 100, 168, 170
moral, filosofia 52-103
moral, lei (Kant) 77
moral, sorte 96-9
moralidade (x ética) 101
mundos possíveis 25, 165
mutantes 49
Nagel, Thomas (n. 1937), filósofo norte-americano 36-9, 42, 97, 105
não cognitivismo 55
Nash, John F. (n. 1928) 195
naturalismo 55
naturalismo, falácia do 53
natureza, estado da 188-90
natureza, lei da 138
natureza, uniformidade da 115
navalha de Occam 144-7
navio de Teseu 44-7
necessário x contingente 25
Newton, Isaac 32, 100, 140
normativa, ética 54
normativismo (Hare) 66-7
Nozick, Robert (1938-2002), filósofo norte-americano 72-5
nucleares, armas 87, 195, 206
objetivismo 55, 64, 149
ocasionalismo 34
oficial valente 46
ontológico, argumento 130, 164-7
oportunistas 81
outras mentes, problema das 48-51, 146
pacifismo 207
Paley, William (1743-1805), teólogo inglês 158
paradigmas, mudança de 140-3
paradoxos 114
parcimônia, princípio da *veja* navalha de Occam
Pascal, aposta de 178
pecado 60, 173
pena capital 57, 197, 198, 199
pena de morte *veja* pena capital
Plantinga, Alvin (n. 1932), filósofo norte-americano 165
Platão (c.429-347 a.C.), filósofo grego 12-5, 28-31, 58, 61, 100, 102-3, 148-9, 150

platônico, amor 13
pluralismo 183
política, filosofia da 180-207
Popper, Karl (1902-94), filósofo britânico nascido na Áustria 53, 138
posição original (Rawls) 186-7
prazeres maiores e menores (Mill) 75
premissas (lógica) 112
previsão, paradoxo da 114
primeira causa, argumento da 161
prisioneiro, dilema do 192-95
probabilidade, *veja* chance e probabilidade
probabilidades, lei das 120, 123
produtos, testes de 107, 111
Protágoras (século 5 a.c.), filósofo grego 58
pseudociência 136-9
punição, teorias da 99, 173, 196-9
Putnam, Hilary (n, 1926), filósofo norte-americano 9-11, 72
qualidades primárias e secundárias 17
quarto chinês (Searle) 42-43
racionalismo 24-7; *veja também* razão
Rawls, John (1921-2002), filósofo norte-americano 184-7, 189
razão 24-7, 65, 78-9, 102, 171, 176-9
realismo 14-15, 17, 55, 149, 207
redução/reducionismo 35, 36-7, 143
reforma e reabilitação 183, 198-9
Regan, Tom (n. 1938), filósofo norte-americano 110-1
regra áurea 66, 78, 780-3
Reid, Thomas (1710-96), filósofo escocês 46
relativismo 55, 56-9, 141
religião, filosofia da 156-79
relojoeiro cego 158-9
representação (na arte) 48-9
representativo (da percepção), modelo 16-19, 133
responsabilidade 197
retribuição 196-9
romantismo 190
Rousseau, Jean-Jacques (1712-78), filósofo francês 186, 189-90

Russell, Bertrand (1872-1970), filósofo britânico 49, 67, 116-9, 128-31, 163
Russell, paradoxo de 116-9
Ryle, Gilbert (1900-76), filósofo inglês 33, 43
Searle, John (n. 1932), filósofo norte-americano 42-3
silogismos 113
simulação, argumento do (Bostrom) 10
Singer, Peter (n. 1946), filósofo australiano 110
Smith, adam (1723-90), economista escocês 82
social, contrato 188-91
social, justiça 184-7, 202-3
Sócrates (469-399 a.c.), filósofo grego 15, 61, 75, 150
sofrimento *veja* dor e sofrimento
soma zero, jogo de 193
sorites, paradoxo de 124-7
sorte moral 96-9
Spinoza, Baruch (1632-77), filósofo holandês 27, 34
subdeterminação 139, 145
subjetivismo 55, 60, 64-6, 149
supererrogativos, atos 92-5
talionis, lex (Talião, lei de) 197
teológico, argumento *veja* argumento do desígnio
tolerância 58
tragédia dos comuns (Hardin) 201
trickle-down, economia 186
tripartite do conhecimento, teoria 28-31
Turing, teste de 33, 40-3
universais 14
universalizabilidade 66, 81
Urmson, J. O. (1915-2012), filósofo britânico 93
utilitarismo 54, 71, 73-5, 83, 94-5, 100, 185, 198
vaguidão 90, 124-7
validade universal 149
véu da ignorância (Rawls) 186-7
virtude/ética da virtude 58, 100-3
virtudes, unidade das 102
Whitehead, Alfred North (1861-1947), filósofo inglês 58,127

Williams, Bernard (1929-2003), filósofo inglês 99
Wimsatt, William K. (1907-75), crítico literário norte-americano 153-55
Wittgenstein, Ludwig (1889-1951), filósofo britânico nascido na Áustria 46, 132-35, 151
Zadeh, Loft (n. 1921), filósofo norte-americano nascido no Azerbaijão 126
zumbis 48-9

**Acreditamos
nos livros**

Este livro foi composto em Goudy Old Style e
impresso pela Gráfica Santa Marta para a
Editora Planeta do Brasil em fevereiro de 2022.